U0292301

办公建筑

OFFICE BUILDING

2014 建筑 + 表现

北京吉典博图文化传播有限公司

II

中国林业出版社

图书在版编目（CIP）数据

2014中国建筑表现集成. 2, 办公建筑 / 北京吉典博图文化传播有限公司编. -- 北京 : 中国林业出版社, 2014.8
ISBN 978-7-5038-7615-8

Ⅰ. ①2… Ⅱ. ①北… Ⅲ. ①办公建筑-建筑设计-作品集-中国-现代 Ⅳ. ①TU206 ②TU243

中国版本图书馆CIP数据核字(2014)第189681号

主　　编：李　壮
执行主编：孙　佳
艺术指导：陈　利
编　　写：迟　锋　孙　佳　田　柳　王　瑞　顾吉胜　位玉斌　韦成刚　高　松　李　秀　田　野
组　　稿：齐艳萍
设计制作：张　宇　叶丽华　李民杰

中国林业出版社　建筑与家居出版中心
责任编辑：纪　亮　王思源
出版咨询：(010) 83225283

出　版：中国林业出版社（100009 北京西城区德内大街刘海胡同7号）
网　站：http://lycb.forestry.gov.cn
E-mail：cfphz@public.bta.net.cn
印　刷：北京利丰雅高长城印刷有限公司
发　行：中国林业出版社
电　话：(010) 8322 5283
版　次：2014年9月第1版
印　次：2014年9月第1次
开　本：635mm×965mm，1/16
印　张：20
字　数：200千字
定　价：360.00元

目录
CONTENTS

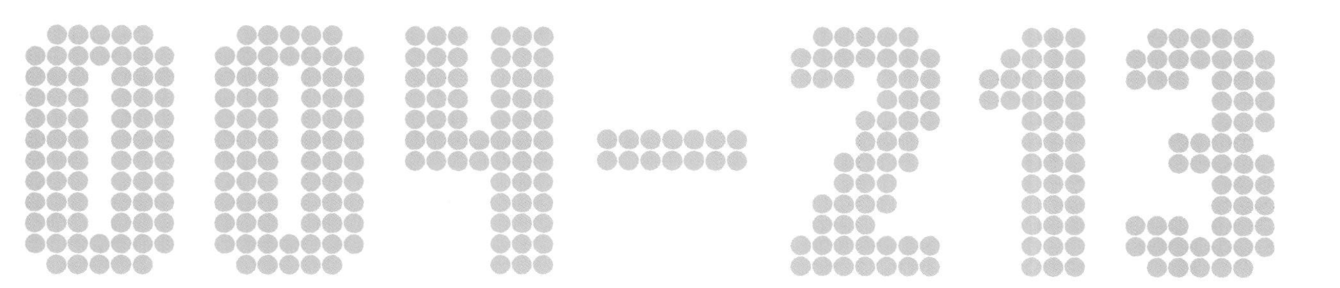

办公建筑

OFFICE BUILDING

2014 建筑＋表现

1

2

3

1 2 3 办公楼

设计：Burt Hill

绘制：成都市浩瀚图像设计有限公司

4 中铁办公楼

设计：范晓东

绘制：成都市浩瀚图像设计有限公司

4

1

1 2 3 4 香港卫视前海总部

设计：意大利迈丘设计事务所
绘制：深圳长空永恒数字科技有限公司

2

3

4

1 某项目

设计：柳翔
绘制：丝路数码技术有限公司

2 扬中大厦

设计：天华八所
绘制：丝路数码技术有限公司

3 张家港双子塔

设计：悉地国际
绘制：丝路数码技术有限公司

4 加拿大投标项目

设计：土人
绘制：丝路数码技术有限公司

2

3

4

1

2

3

■1 盛泽超高层项目

设计：中科院建筑设计研究院有限公司上海分公司
绘制：丝路数码技术有限公司

■2 香港西路 52 号

设计：三圆
绘制：丝路数码技术有限公司

■3 象山项目

绘制：丝路数码技术有限公司

■4 重庆 18 梯

设计：柳翔
绘制：丝路数码技术有限公司

1

1 莲坂站项目

设计：柏诚工程技术有限公司上海分公司
绘制：丝路数码技术有限公司

2 3 深圳创意设计总部大楼

设计：大梵设计公司
绘制：深圳市原创力数码影像设计有限公司

2

3

1

2

3

1 某办公区

设计：某建筑设单位
绘制：北京图道数字科技有限公司

2 徐州中枢街超高层

设计：上海筑都建筑规划设计有限公司
绘制：上海艺筑图文设计有限公司

3 某办公楼

设计：山东建大建筑规划设计研究院
绘制：雅色机构

1

■1 某办公楼

设计：山东建大建筑规划设计研究院
绘制：雅色机构

■2 ■3 某办公楼

设计：山东同圆
绘制：雅色机构

■4 ■5 某办公楼

绘制：雅色机构

1

1 亳州烟厂办公楼

设计：上海筑都建筑规划设计有限公司
绘制：上海艺筑图文设计有限公司

2 青岛澳柯玛总部大楼

设计：山东同圆设计集团有限公司建筑所
绘制：雅色机构

3 贵州兴义办公楼

设计：CCI
绘制：丝路数码技术有限公司

4 某办公楼

绘制：雅色机构

2

3

4

1 邹城办公

设计：山东同圆
绘制：雅色机构

2 3 4 航运中心

设计：南大院
绘制：丝路数码技术有限公司

1

2

3

4

1

2

1 2 3 4 贝尔加莫市议会大楼

设计：渐近线建筑工作室
绘制：渐近线建筑工作室

1

2

3

4

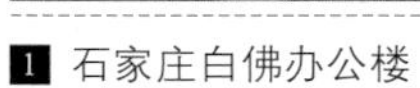

1 石家庄白佛办公楼

设计：北京荣盛景程建筑设计有限公司
绘制：北京图道数字科技有限公司

2 保惠办公楼

设计：玖斯
绘制：上海艺筑图文设计有限公司

3 中商科技大厦

设计：OUR（HK）设计事务所
绘制：深圳长空永恒数字科技有限公司

4 沧州办公楼

设计：北京荣盛景程建筑设计有限公司
绘制：北京图道数字科技有限公司

5 滨州银泰办公楼

设计：北京施泰德勒建筑咨询有限公司
绘制：北京图道数字科技有限公司

5

1 2 正元置业

设计：北京荣盛景程建筑设计有限公司
绘制：北京图道数字科技有限公司

3 青岛敦化路项目

设计：OUR（HK）设计事务所
绘制：深圳长空永恒数字科技有限公司

4 长沙．达美梅溪湖 C–19 地块

设计：深圳市津屹建筑工程顾问有限公司
绘制：深圳长空永恒数字科技有限公司

5 6 7 华强郑州高新区大学科技园

设计：OUR（HK）设计事务所
绘制：深圳长空永恒数字科技有限公司

5

6

7

3

1 2 3 常州金融科技中心

设计：悉地国际设计顾问（深圳）有限公司
绘制：丝路数码技术有限公司

4 5 HENN 太原盛科

设计：海茵
绘制：丝路数码技术有限公司

4

5

1 南京河西项目

设计：柳翔
绘制：丝路数码技术有限公司

2 3 办公楼

设计：深圳某设计师
绘制：天海图文设计

4 5 嘉兴港通关

设计：宏正建筑设计院
绘制：杭州景尚科技有限公司

3

4

5

1 2 3 鹤壁市渤海商品大厦

设计：河南省城乡建筑设计院有限公司
绘制：郑州深谷建筑数字影像有限公司

4 长沙办公楼方案一

设计：深圳都市方程建筑设计咨询有限公司
绘制：深圳市普石环境艺术设计有限公司

5 长沙办公楼方案二

设计：深圳都市方程建筑设计咨询有限公司
绘制：深圳市普石环境艺术设计有限公司

6 苏宁项目

设计：江苏省建筑设计院
绘制：丝路数码技术有限公司

4

5

VACHERON CONSTANTIN
LOUIS VUITTON
BOSS
ORGANZA
FIRST LIGHT
GIVENCHY
OMEGA
VERSACE
6

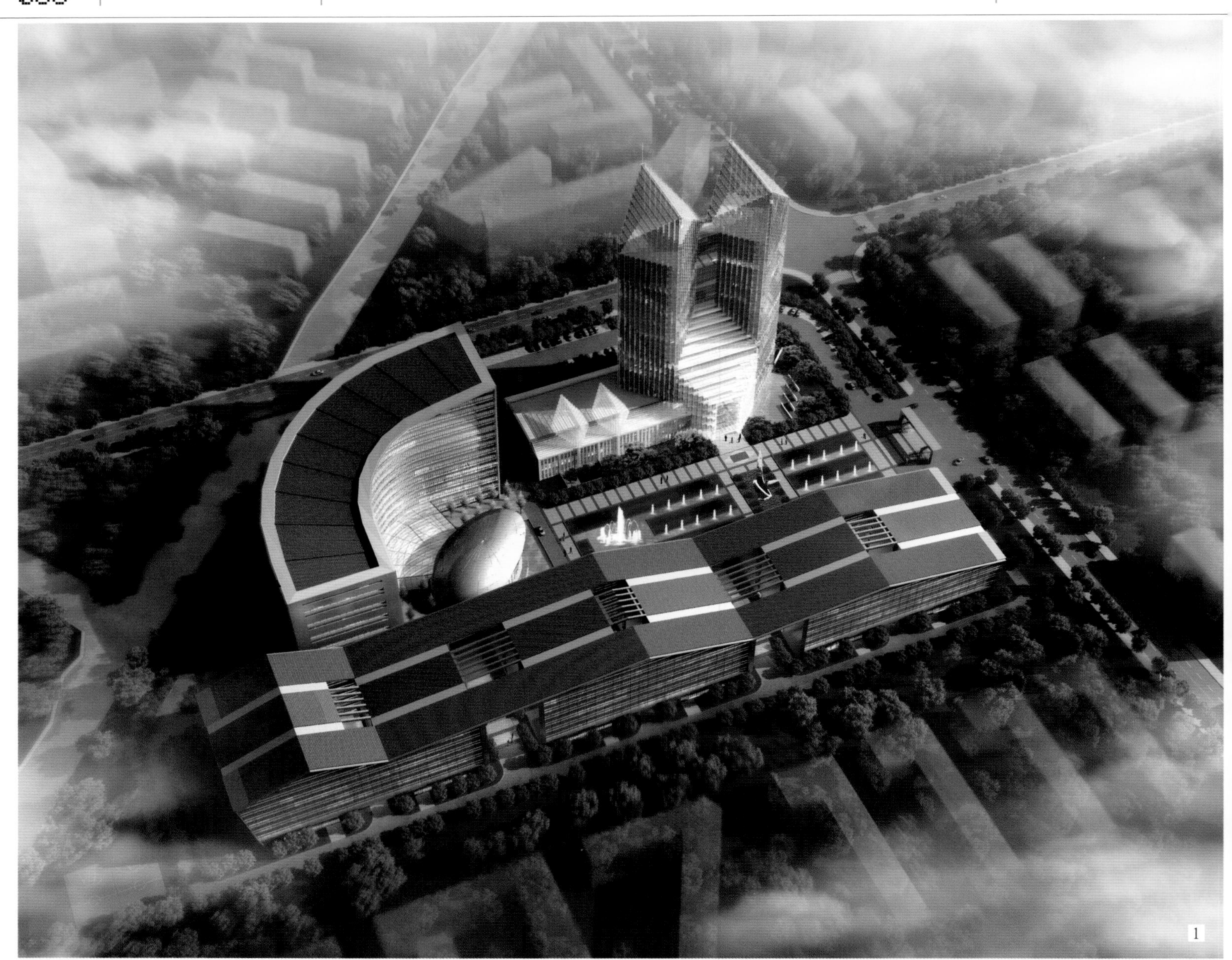

1

2

3

1 2 3 4 光伏办公楼

设计：宏正建筑设计院
绘制：杭州景尚科技有限公司

4

1 2 3 4 都市方程株洲创科项目

设计：深圳都市方程建筑设计咨询有限公司

绘制：深圳市普石环境艺术设计有限公司

3

4

1 2 3 4 5 6 江北门户办公区

设计：宁高专
绘制：宁波筑景

3

4

5

6

1 2 兰州高层办公建筑

绘制：宁波筑景

3 4 太平鸟总部

绘制：宁波筑景

1

2

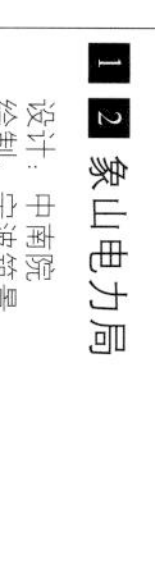

1 2 象山电力局

设计：中南院

绘制：宁波筑景

3 4 某办公楼

绘制：宁波筑景

1 2 3 4 5 环城西路办公楼

设计：概念源
绘制：宁波筑景

4

5

1

2

3

1 检查院
设计：规建院
绘制：宁波筑景

2 3 池州办公
设计：宁大院
绘制：宁波筑景

4 姚江一号
设计：宁大院
绘制：宁波筑景

5 中石化
绘制：宁波筑景

4

5

1

2

1 2 慈溪办公楼

设计：笔奥
绘制：宁波筑景

3 4 二号桥

绘制：宁波筑景

MALL
MUJI AWARD
MALL
1

Dior
TOKYU HANDS
Aumeix
ACCURATE
cornershop
AIGUILLA SA
2

1 鄞奉地块

设计：城建院
绘制：宁波筑景

2 蓬莱某办公

绘制：宁波筑景

3 3-7# 号地块

设计：华展
绘制：宁波筑景

4 罗蒙办公楼

设计：市院
绘制：宁波筑景

5 广播电台

绘制：宁波筑景

1

2

1 2 3 4 5 **Ia Innovation Tower**

设计：Zaha Hadid
绘制：Zaha Hadid

3

4

5

1

2

3

1 2 3 建工·欧美 EFC

设计：建工房产

绘制：杭州重彩堂数字科技有限公司

4 5 6 某消防总队投标方案

设计：河南省城乡建筑设计院有限公司

绘制：郑州深谷建筑数字影像有限公司

4

5

6

1 2 3 4 5 高铁地块办公区

设计：宏正建筑设计院

绘制：杭州景尚科技有限公司

3

4

5

1

2

1 2 Dorobanti Tower

设计：Zaha Hadid 工作室
绘制：Zaha Hadid 工作室

3 4 贵阳 4S 店

设计：彭工
绘制：上海赫智建筑设计有限公司

1

2

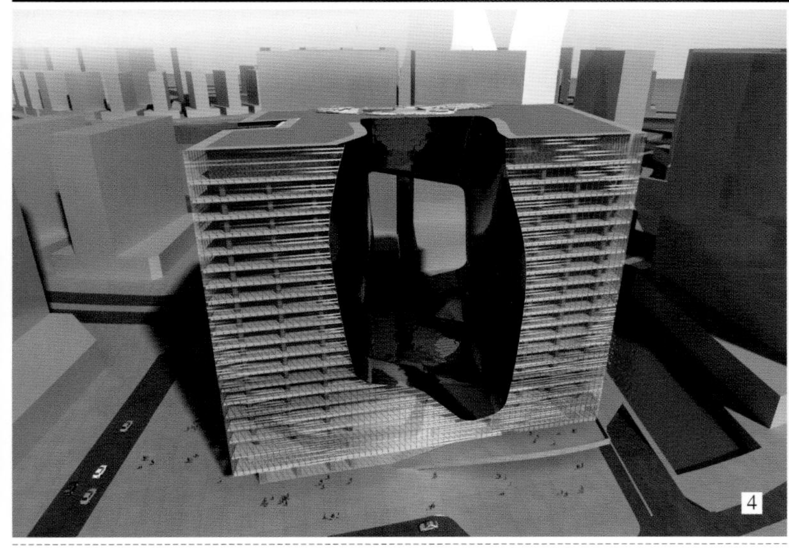

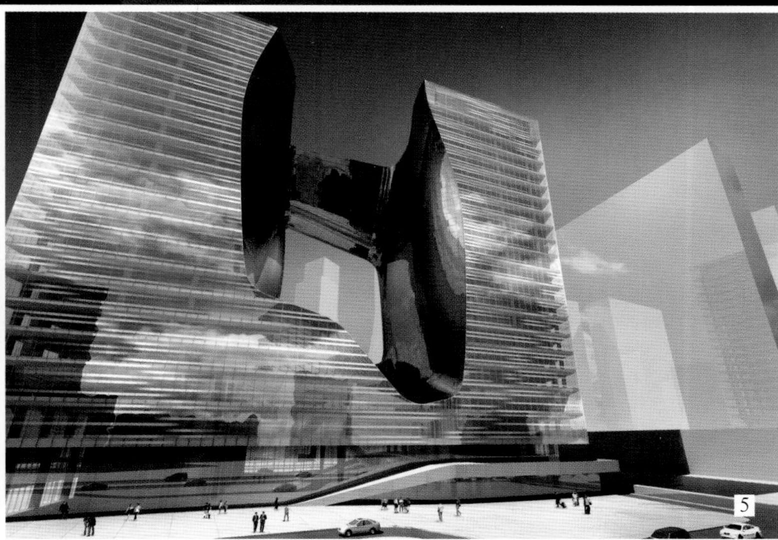

1 2 3 4 5 "Opus" per Dubai

设计：Zaha Hadid
绘制：Zaha Hadid

1

2

3

1 2 3 4 5 传媒大厦

设计：大陆建筑设计有限公司 王琦

绘制：成都市浩瀚图像设计有限公司

4

5

1 2 大理海东办公楼方案一

设计：泛华建筑设计有限公司　李绍山
绘制：成都市浩瀚图像设计有限公司

3 办公楼

设计：正东建筑设计有限公司　田林
绘制：成都市浩瀚图像设计有限公司

4 5 大理海东办公楼方案二

设计：泛华建筑设计有限公司　李绍山
绘制：成都市浩瀚图像设计有限公司

2

3

4

5

1

1 某超高层办公楼

绘制：成都市浩瀚图像设计有限公司

2 某办公楼

设计：季如常

绘制：成都市浩瀚图像设计有限公司

3 4 常德办公楼

设计：西南建筑设计院有限公司 陆文萍

绘制：成都市浩瀚图像设计有限公司

2

3

4

1

2

3

4

1 2 时代新城项目

设计：四川国鼎建筑设计
绘制：成都上润图文设计制作有限公司

3 深圳龙岗办公大厦

设计：OUR（HK）设计事务所
绘制：深圳长空永恒数字科技有限公司

4 光伏产业园

绘制：上海域言建筑设计咨询有限公司

3

4

1 2 行政中心

设计：范晓东　郝江川
绘制：成都市浩瀚图像设计有限公司

3 4 泸州老窖

设计：大陆建筑设计有限公司　瓮少斌
绘制：成都市浩瀚图像设计有限公司

1
2
3

1 2 武汉青城商务中心方案一

设计：武汉中合元创建筑设计有限公司
绘制：深圳长空永恒数字科技有限公司

3 4 武汉青城商务中心方案二

设计：OUR（HK）设计事务所
绘制：深圳长空永恒数字科技有限公司

4

1 2 武汉青城商务中心方案三

设计：武汉中合元创建筑设计有限公司
绘制：深圳长空永恒数字科技有限公司

3 武汉青城商务中心方案四

设计：OUR（HK）设计事务所
绘制：深圳长空永恒数字科技有限公司

4 武汉青城商务中心方案五

设计：武汉中合元创建筑设计有限公司
绘制：深圳长空永恒数字科技有限公司

4

1

2

3

4

1 2 深圳大涌商务中心

设计：OUR（HK）设计事务所

绘制：深圳长空永恒数字科技有限公司

3 4 5 深圳大涌商务中心

设计：深圳市华阳国际建筑设计有限公司

绘制：深圳长空永恒数字科技有限公司

5

1 2 达州体院馆综合楼

设计：西南建筑设计七所
绘制：成都上润图文设计制作有限公司

3 西安航天产业园项目

设计：陕西省现代建筑设计研究院
绘制：西安鼎凡视觉工作室

4 5 杭州萧山区电子商务产业园

设计：OUR（HK）设计事务所
绘制：深圳长空永恒数字科技有限公司

3

4

5

1

■ 莆田办公楼方案一

设计：上海华策建筑设计事务所有限公司
绘制：上海未落建筑设计咨询有限公司

2 莆田办公楼方案二

设计：上海华策建筑设计事务所有限公司
绘制：上海未落建筑设计咨询有限公司

3 4 5 2# 办公楼

设计：上海华策建筑设计事务所有限公司
绘制：上海未落建筑设计咨询有限公司

2

3

4

5

1 白云边写安楼

设计：中国轻工业设计院武汉分院二所
绘制：武汉擎天建筑设计咨询有限公司

2 塔子湖 K5

设计：开物建筑设计有限公司
绘制：武汉擎天建筑设计咨询有限公司

3 古建筑复原

设计：武汉七星设计有限公司
绘制：武汉擎天建筑设计咨询有限公司

4 **5** 眉山项目办公楼

设计：卓创　张工
绘制：上海赫智建筑设计有限公司

4

5

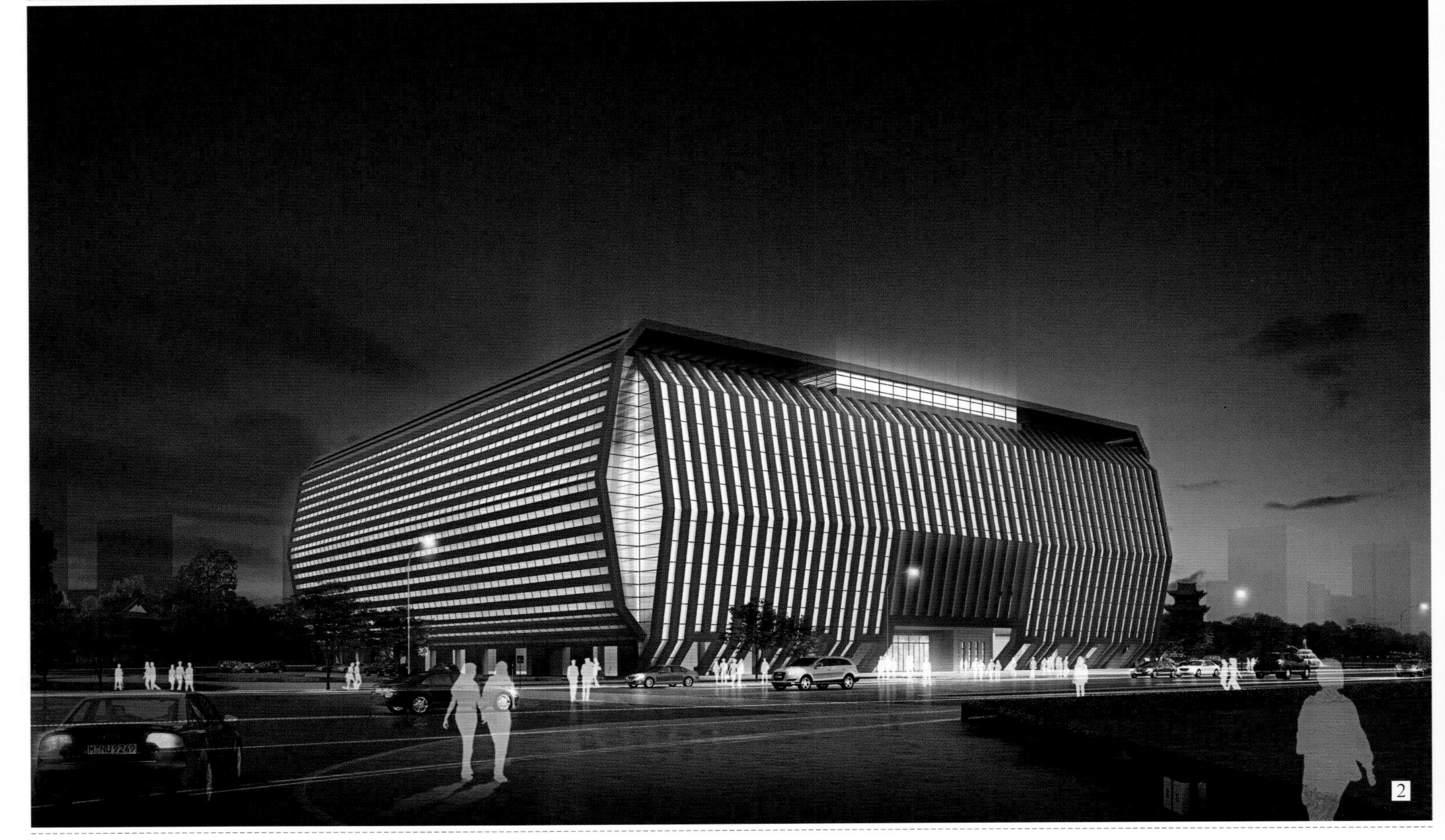

1 2 文博馆综合楼

设计：中科设计院
绘制：唐人建筑设计效果图

3 法院综合楼

设计：北京通程泛华合肥分院
绘制：唐人建筑设计效果图

4 蜀山区家政服务业基地

设计：北京通程泛华合肥分院
绘制：唐人建筑设计效果图

3

4

4

5

1 2 成都川棉综合楼

设计：方略建筑设计有限责任公司
绘制：北京图道数字科技有限公司

3 某办公楼

设计：深圳市创宇建筑咨询有限公司
绘制：深圳市普石环境艺术设计有限公司

4 西安水利水电

设计：西安设计院
绘制：深圳市普石环境艺术设计有限公司

5 湖南芦淞阁

设计：株洲千府百思特城市设计有限公司
绘制：深圳市普石环境艺术设计有限公司

6 鹏程宝办公区

设计：深圳市肯定建筑设计有限公司
绘制：深圳市普石环境艺术设计有限公司

6

1

2

3

1 威海船厂

设计：中青国际建筑设计有限公司
绘制：北京图道数字科技有限公司

2 西安中电

设计：北京易兰建筑规划设计有限公司
绘制：北京图道数字科技有限公司

3 **4** 王府井综合楼

设计：北京易兰建筑规划设计有限公司
绘制：北京图道数字科技有限公司

4

1

2

3

■1 沧州某办公楼

设计：北京荣盛景程建筑设计有限公司
绘制：北京图道数字科技有限公司

■2 定州大世界冷链

设计：中国电子工程设计院
绘制：北京图道数字科技有限公司

■3 某办公楼

设计：某建筑设计单位
绘制：北京图道数字科技有限公司

■4 某办公

设计：某建筑设计单位
绘制：北京图道数字科技有限公司

4

1

1 澳洲某办公楼

设计：澳大利亚　肖工
绘制：深圳千尺数字图像设计有限公司

2 后勤学院

设计：悉地国际
绘制：北京图道数字科技有限公司

3 **4** 泸州电力项目

设计：西南建筑设计院七所
绘制：成都上润图文设计制作有限公司

5 综合中汇项目

设计：国恒建筑设计四所
绘制：成都上润图文设计制作有限公司

6 南充办公楼项目

设计：美国思纳史密斯设计
绘制：成都上润图文设计制作公司

2

国家电网
3

Brown
Master
Banwei
RESTAU
RANT
INCREDI
DIBLES
RESTAU
Brown
Master
Cafe
4

5

6

1

2

3

4

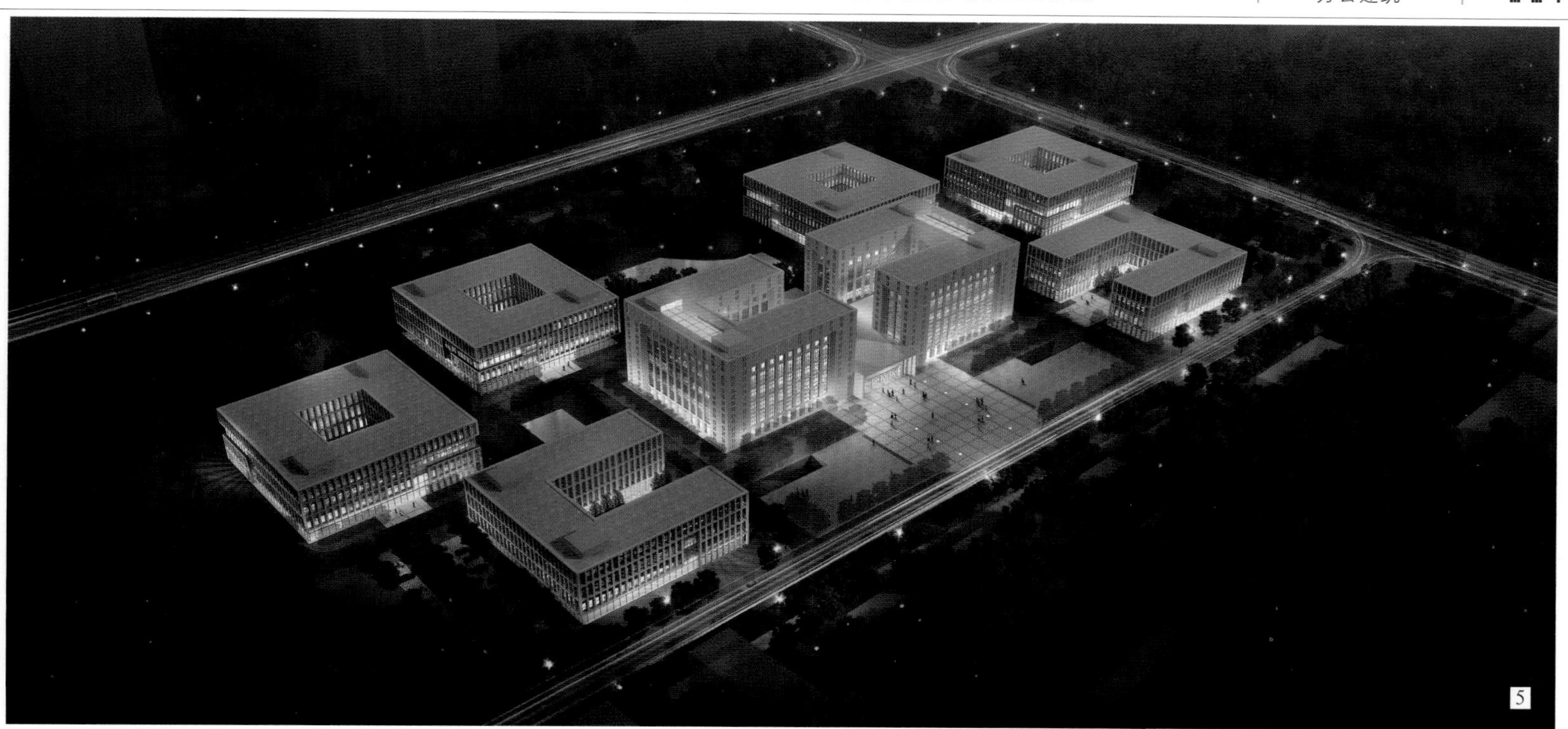
5

■1 成都春熙路阳光大厦项目

设计：深圳通汇置业
绘制：成都上润图文设计制作有限公司

■2 成都汇丰中心（南延线）

设计：深圳通汇置业公司
绘制：成都上润图文设计制作有限公司

■3 九江巴黎春天

绘制：深圳长空永恒数字科技有限公司

■4 青岛投标

设计：北京合众联盛建筑设计有限公司
绘制：北京图道数字科技有限公司

■5 连云港经济开发区综合办公楼

设计：深圳市建筑设计研究总院有限公司
绘制：深圳市深白数码影像设计有限公司

■6 天津一汽丰田

设计：天津大学建筑设计研究院
绘制：天津天砚建筑设计咨询有限公司

6

1

2

3

4

5

1 2 漯河办公楼

设计：西安华宇建筑设计有限公司郑州公司
绘制：郑州 DECO 建筑影像设计公司

3 某地办公园区方案

设计：北京清水爱派建筑设计河南分公司
绘制：郑州 DECO 建筑影像设计公司

4 5 郑州巩义办公楼

设计：河南省城乡建筑设计院　刘工
绘制：郑州 DECO 建筑影像设计公司

6 南阳地块方案

设计：西安华宇建筑设计有限公司郑州公司
绘制：郑州 DECO 建筑影像设计公司

6

1 银行项目

设计：东南大学建筑设计研究院
绘制：丝路数码技术有限公司

2 申江万科滨江

设计：UA 国际
绘制：丝路数码技术有限公司

3 湖北宜昌项目

设计：柳翔
绘制：丝路数码技术有限公司

4 江阴凤凰广场

设计：江苏省建筑设计院
绘制：丝路数码技术有限公司

5 某办公楼

绘制：丝路数码技术有限公司

1

2

3

1 某环保项目

设计：上海都市
绘制：丝路数码技术有限公司

2 武汉项目

绘制：丝路数码技术有限公司

3 新疆档案馆

设计：广东省建筑设计研究院第三分院
绘制：丝路数码技术有限公司

4 韶关市芙蓉新城文化“三馆”

设计：悉地国际第五工作室
绘制：丝路数码技术有限公司

5 某科技园

设计：江苏省邮电规划设计院有限责任公司
绘制：丝路数码技术有限公司

4

5

1 Danmark building

设计：Carsen E Architect
绘制：丝路数码技术有限公司

2 西安国际会议中心

设计：AECOM
绘制：丝路数码技术有限公司

3 湖南售楼中心

设计：北京土人景观与建筑规划设计研究院
绘制：丝路数码技术有限公司

4 Ideal Headquarter Foshan

设计：ranken Architekten
绘制：丝路数码技术有限公司

5 龙岗总部

设计：悉地国际设计顾问（深圳）有限公司
绘制：丝路数码技术有限公司

6 安徽淮南新区办公楼

设计：中美翰辰
绘制：丝路数码技术有限公司

1

2

3

4

5

6

1 2 卫生服务中心

设计：大连理工大学建筑设计研究院
绘制：福州超越传媒有限公司

4 5 某综合楼

设计：福建众合开发建筑设计院
绘制：福州超越传媒有限公司

3 瑞待金融总部大厦

设计：福建省建筑设计研究院
绘制：福州超越传媒有限公司

3

4

5

1

2

3

4

5

6

1 2 办公楼

绘制：福州超越传媒有限公司

3 阜新办公楼

设计：大连市开发区规划建筑设计院
绘制：福州超越传媒有限公司

4 5 6 交通银行大厦

设计：福建省建筑设计研究院
绘制：福州超越传媒有限公司

1 月亮坝中心

设计：重庆都市空间城市规划设计有限公司
绘制：重庆天艺数字图像

2 3 4 聚丰国际

绘制：重庆天艺数字图像

1
2

3

4

1 2 南昌县人民银行
设计：南大二所
绘制：南昌艺构图像

3 超高层
设计：南大二所
绘制：南昌艺构图像

4 会议中心综合楼
设计：省院研究所
绘制：南昌艺构图像

5 和谐国际办公楼
绘制：南昌艺构图像

5

1

2

1 某综合楼

设计：卓筑
绘制：南昌艺构图像

2 办公楼

设计：省院研究所
绘制：南昌艺构图像

3 郑州市某办公

设计：机械工业第四设计研究院
绘制：洛阳张涵数码影像技术开发有限公司

4 林内厂房

设计：上海众鑫建筑设计研究院有限公司
绘制：上海域言建筑设计咨询有限公司

2

1 2 3 望洪枢纽中心

设计：北京市政工程设计院
绘制：北京百典数字科技有限公司

4 某办公楼

绘制：北京百典数字科技有限公司

5 五零七科技中心

设计：北京龙安华诚园林所
绘制：北京百典数字科技有限公司

4

5

1 2 紫荆会议中心

绘制：北京百典数字科技有限公司

3 海南中心

绘制：北京百典数字科技有限公司

4 厂房

绘制：北京百典数字科技有限公司

3

4

1

2

1 韶关综合楼

设计：中国机械工程设计研究院

绘制：北京百典数字科技有限公司

2 汽车城综合楼

设计：北京龙安华诚分院

绘制：北京百典数字科技有限公司

3 汽车城综合楼

设计：中国建筑设计研究院

绘制：北京百典数字科技有限公司

4 售楼处

设计：中国建筑设计研究院

绘制：北京百典数字科技有限公司

5 罗城新区规划

设计：北京龙安华诚分院

绘制：北京百典数字科技有限公司

3

4

1

1 2 乌镇综合楼

设计：鸿翔建筑
绘制：杭州弧引数字科技有限公司

3 新疆博乐市场

设计：浙江安地
绘制：杭州弧引数字科技有限公司

4 气象局

设计：省直建筑设计
绘制：杭州弧引数字科技有限公司

2

4

5

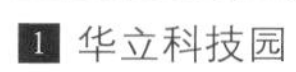

1 华立科技园

设计：浙江安地
绘制：杭州弧引数字科技有限公司

2 3 钱江世纪超高层

设计：浙江安地
绘制：杭州弧引数字科技有限公司

4 5 电魂大厦

设计：浙江安地
绘制：杭州弧引数字科技有限公司

6 金华企业总部

设计：思图意像
绘制：杭州弧引数字科技有限公司

6

1

2

1 淮安科技园
设计：省直建筑设计
绘制：杭州弧引数字科技有限公司

2 宁波舟山
设计：浙大经境
绘制：杭州弧引数字科技有限公司

3 宸圆溪地城
设计：合肥炎黄设计院
绘制：唐人建筑设计效果图

4 淄博盛世
设计：天津市天友建筑设计有限公司
绘制：天津天砚建筑设计咨询有限公司

3

4

1

2

1 湖州综合体
绘制：杭州骏翔广告有限公司

2 橡树园
设计：浙江省建筑设计研究院
绘制：杭州骏翔广告有限公司

3 4 某办公
绘制：杭州骏翔广告有限公司

3

4

1

2

3

4

5

1 深圳创意大厦

设计：大梵设计

绘制：深圳市原创力数码影像设计有限公司

2 洛阳市旭升新城高层办公

设计：河南智博建筑设计有限公司

绘制：洛阳张涵数码影像技术开发有限公司

3 江西燃气集团

设计：深圳市同济人建筑设计有限公司

绘制：深圳市原创力数码影像设计有限公司

4 盐城项目

设计：东南大学建筑设计研究院综合三所

绘制：丝路数码技术有限公司

5 办公楼

设计：深圳市筑联建筑设计有限公司

绘制：深圳市原创力数码影像设计有限公司

1

2

3

1 2 3 4 5 连山川

设计：MOOD
绘制：上海赫智建筑设计有限公司

4

5

1 2 成基大厦

设计：新外建筑设计有限公司
绘制：上海赫智建筑设计有限公司

3 4 江苏项目

设计：中国建筑东北设计研究院
绘制：深圳市原创力数码影像设计有限公司

3

4

1

2

1 2 3 4 南沙城投概念设计

设计：北京住宅建筑设计院
绘制：深圳市原创力数码影像设计有限公司

3

4

1 2 3 西工大办公楼方案一

设计：香港澳华雅筑建筑设计公司
绘制：深圳市原创力数码影像设计有限公司

4 5 江西工商银行

设计：中国建筑设计研究院深圳分院
绘制：深圳市原创力数码影像设计有限公司

1

2

3

4

5

1 2 鹏桑普

设计：深圳市同济人建筑设计有限公司
绘制：深圳市原创力数码影像设计有限公司

3 4 5 西工大办公楼方案二

设计：香港澳华雅筑建筑设计公司
绘制：深圳市原创力数码影像设计有限公司

2

3

4

5

1

2

3

1 2 3 海南百川大厦

设计：深圳市同济人建筑设计有限公司

绘制：深圳市原创力数码影像设计有限公司

4 5 6 伟禄办公楼方案一

设计：深圳市同济人建筑设计有限公司

绘制：深圳市原创力数码影像设计有限公司

4

5

6

■ 洛阳市工业科技信息服务中心

设计：洛阳市规划设计研究院
绘制：洛阳张涵数码影像技术开发有限公司

■ 洛阳市某办公楼

设计：中机十院国际工程有限公司（洛阳分公司）
绘制：洛阳张涵数码影像技术开发有限公司

■ ■ ■ ■ 伟禄办公楼方案二

设计：深圳市同济人建筑设计有限公司
绘制：深圳市原创力数码影像设计有限公司

4

5

6

1 2 秦岭办公楼

设计：西安城市发展中心
绘制：西安鼎凡视觉工作室

3 4 5 海格斯科技园

设计：深圳市华品建筑设计有限公司
绘制：深圳市原创力数码影像设计有限公司

3

4

5

1

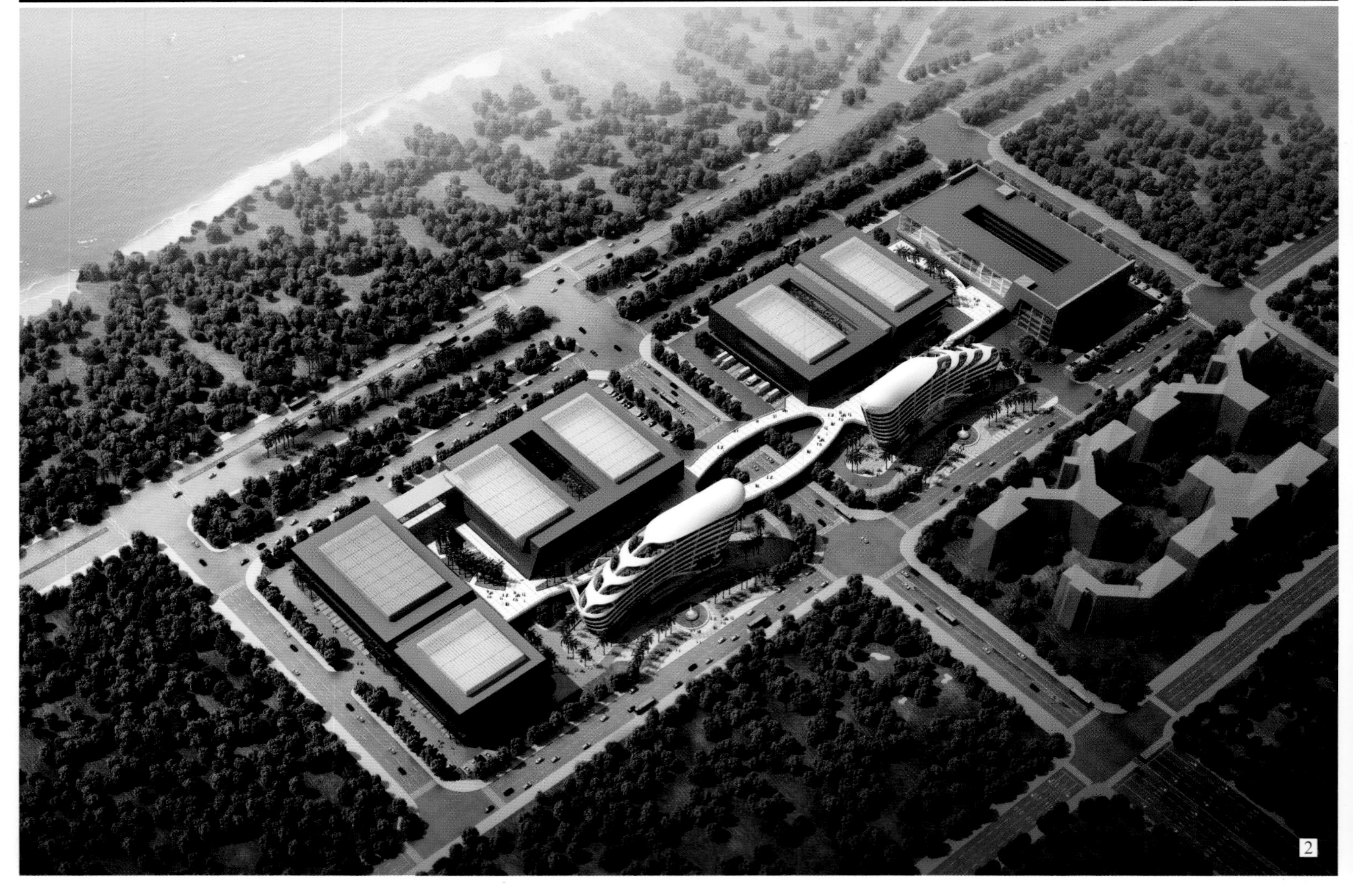

2

1 2 3 4 5 大铲湾项目

设计：谢工
绘制：深圳市原创力数码影像设计有限公司

3

4

5

1

2

3

4

5

6

1 2 3 大铲湾项目

设计：谢工
绘制：深圳市原创力数码影像设计有限公司

4 5 6 济南创新谷孵化器项目

设计：山东同圆设计集团有限公司建筑所
绘制：雅色机构

1 某办公楼
绘制：雅色机构

3 4 潍坊圣邦办公楼
设计：北京舍垣
绘制：雅色机构

2 某办公楼
绘制：雅色机构

5 民生银行改造
设计：山东同圆
绘制：雅色机构

3

4

5

1

2

3

1 2 3 某办公楼
绘制：雅色机构

5 某办公楼
绘制：雅色机构

4 某办公楼
绘制：雅色机构

4

5

1 某学校食堂

设计：山东同圆

绘制：雅色机构

3 某办公楼

绘制：雅色机构

5 某办公楼

绘制：雅色机构

2 公司食堂

设计：山东同圆分院

绘制：雅色机构

4 济宁汽车城办公区

设计：北京舍垣

绘制：雅色机构

3

4

5

1 2 济宁汽车城规划

设计：北京舍垣

绘制：雅色机构

3 某办公楼

绘制：雅色机构

4 某办公楼

绘制：雅色机构

5 包头政务中心

绘制：雅色机构

6 某办公楼

绘制：雅色机构

4

5

6

1
2
3

1 2 重庆项目

设计：深圳中航设计院

绘制：深圳市水木数码影像科技有限公司

4 5 惠州项目

设计：深圳中海地产

绘制：深圳市水木数码影像科技有限公司

3 朗易通

设计：北方设计院彭田设计工作室

绘制：深圳市水木数码影像科技有限公司

4

5

1

1 2 天安南油工业园

设计：深圳中航设计院
绘制：深圳市水木数码影像科技有限公司

3 信义厂房

设计：北方设计院彭田设计工作室
绘制：深圳市水木数码影像科技有限公司

4 旺德府国际家居建材物流中心

设计：联合创艺湖南分公司
绘制：深圳市水木数码影像科技有限公司

5 深圳超材料产业集聚区及新兴产业总部园区

设计：深圳华艺建筑设计
绘制：深圳市水木数码影像科技有限公司

2

3

4

5

黔桂国际商务中心

黔桂国际商务中心

1 2 黔桂国际商务中心

设计：上海光逸建筑设计事务所
绘制：上海艺筑图文设计有限公司

3 4 吉安城投大厦

设计：上海光逸建筑设计事务所
绘制：上海艺筑图文设计有限公司

5 咸阳综合体项目

设计：深圳市筑联建筑设计有限公司
绘制：深圳市原创力数码影像设计有限公司

6 万安大厦方案

设计：陕西省现代建筑设计研究院
绘制：西安鼎凡视觉工作室

1

2

3

1 林中心

设计：山东华都
绘制：上海艺筑图文设计有限公司

2 银行方案

设计：浙江建筑设计院
绘制：上海艺筑图文设计有限公司

3 奎文路中心

设计：山东省建筑设计院上海分院
绘制：上海艺筑图文设计有限公司

4 如皋商业银行

设计：中国建筑上海设计研究院有限公司
绘制：上海艺筑图文设计有限公司

4

1

2

1 建湖未来科技城科技孵化园
设计：上海光逸建筑设计事务所
绘制：上海艺筑图文设计有限公司

2 公建项目
设计：城市空间规划设计有限公司上海分公司
绘制：上海艺筑图文设计有限公司

3 漳州办公楼
设计：城市空间规划设计有限公司上海分公司
绘制：上海艺筑图文设计有限公司

4 上海杉杉集团总部办公楼
设计：杭州中联筑境建筑设计有限公司
绘制：上海艺筑图文设计有限公司

3

4

创意园区
2

1 2 3 4 凤凰办公区

设计：上海济景建筑设计有限公司
绘制：上海艺筑图文设计有限公司

5 6 一所办公楼

设计：中国工程物理研究院建筑设计院
绘制：绵阳瀚影数码图像设计有限公司

■1 ■2 ■3 南大（昆山）高新科技创业园

设计：亚马逊建筑装饰工程有限公司
绘制：天海图文设计

■4 某办公楼

绘制：天海图文设计

■5 某办公楼

绘制：天海图文设计

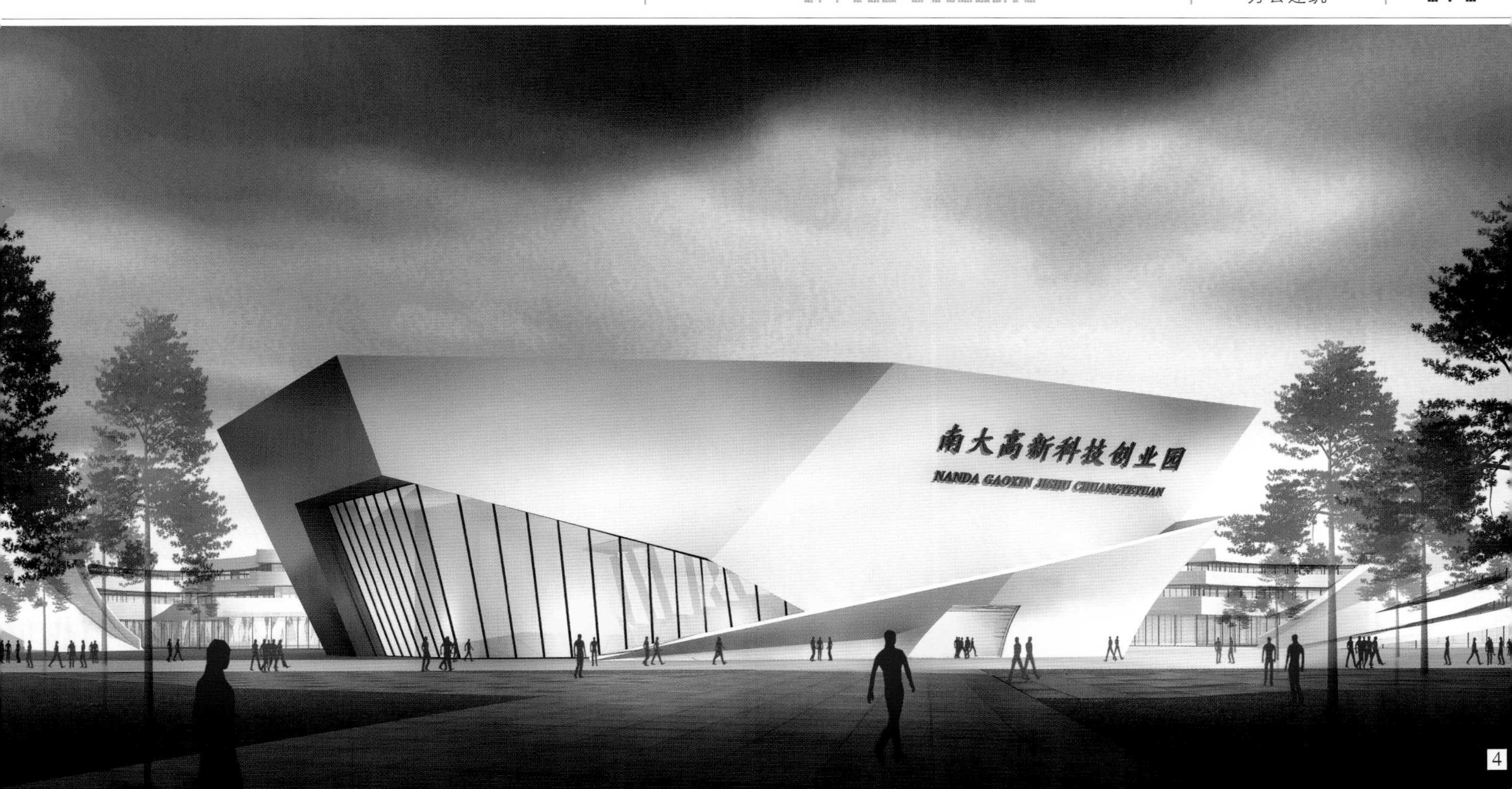

4

5

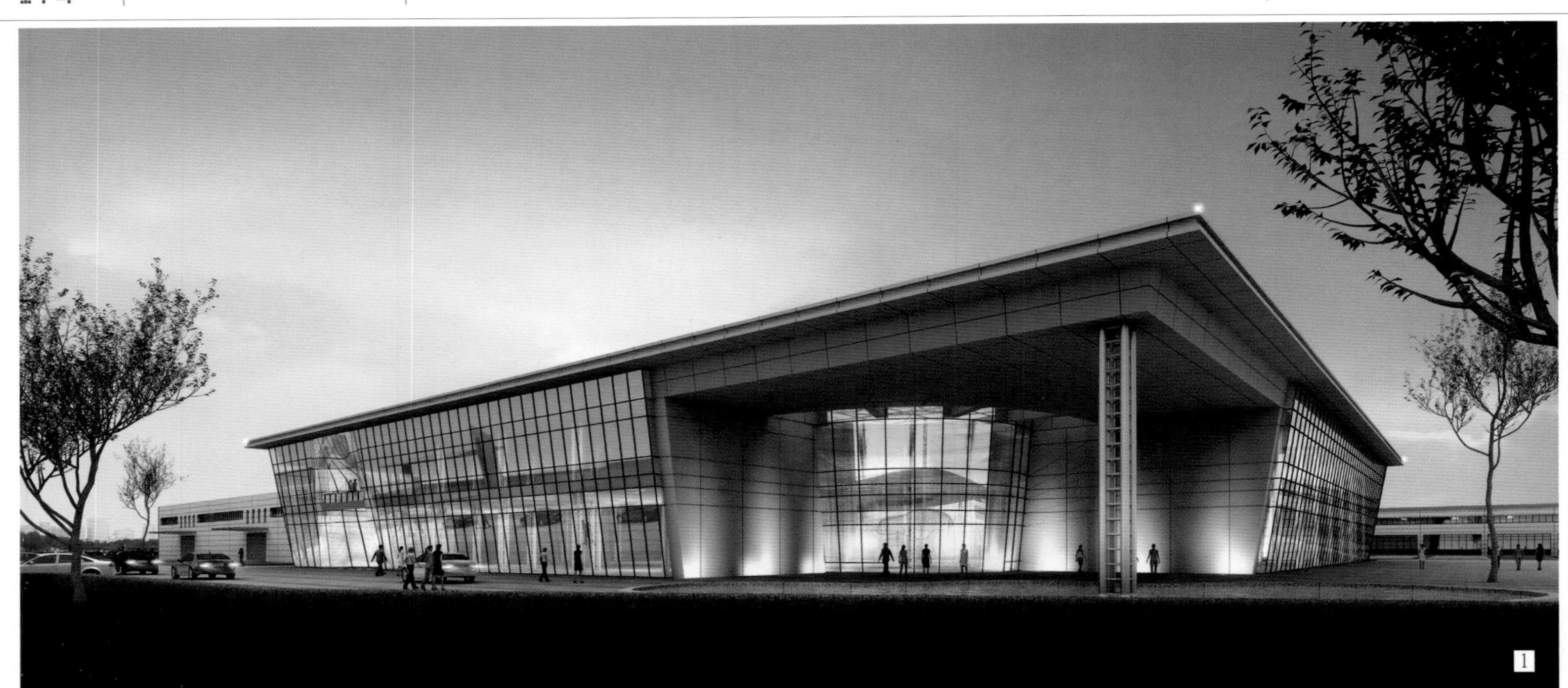

1 大连车床厂区办公楼

设计：中国汽车工业工程有限公司

绘制：洛阳张涵数码影像技术开发有限公司

2 洛阳市昌兴项目

设计：中国汽车工业工程有限公司

绘制：洛阳张涵数码影像技术开发有限公司

3 北汽华东（镇江）基地

设计：中国汽车工业工程有限公司

绘制：洛阳张涵数码影像技术开发有限公司

4 中信厂房概念设计

设计：中国汽车工业工程有限公司

绘制：洛阳张涵数码影像技术开发有限公司

5 洛阳市瑞昌石化科研楼

设计：机械工业第四设计研究院

绘制：洛阳张涵数码影像技术开发有限公司

6 长沙宇通 4S 店

设计：机械工业第四设计研究院

绘制：洛阳张涵数码影像技术开发有限公司

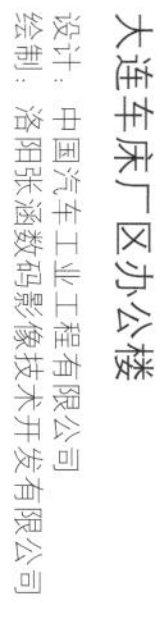
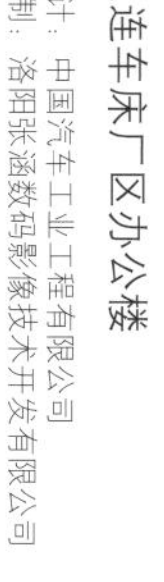
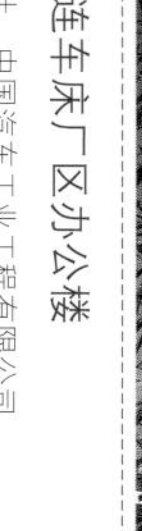
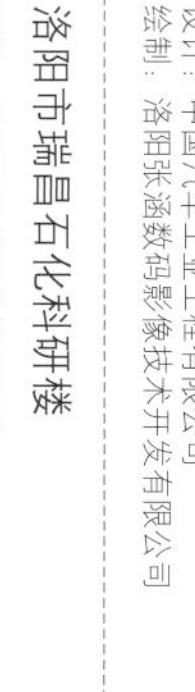
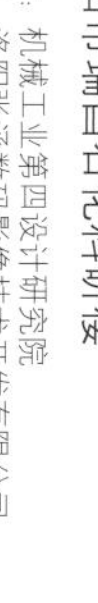

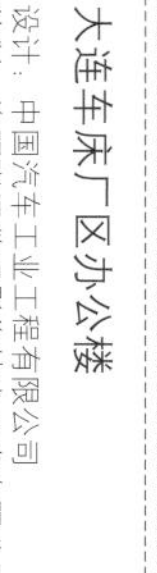
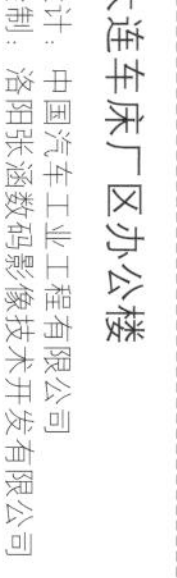
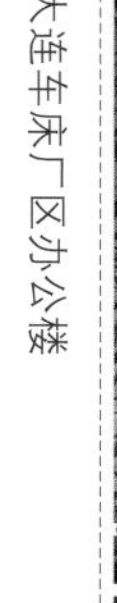
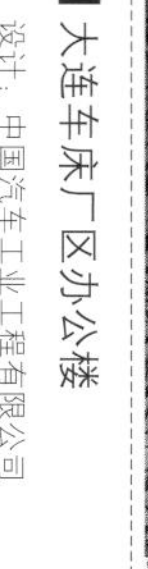

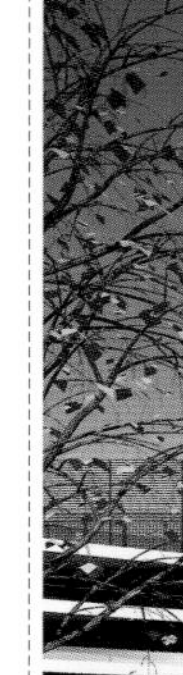

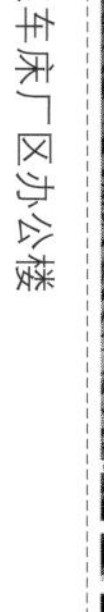
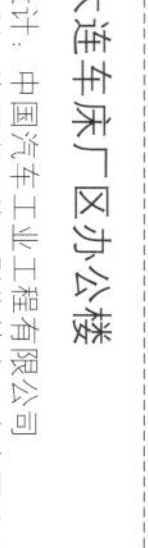
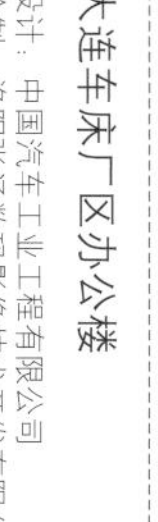
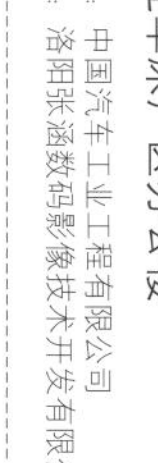
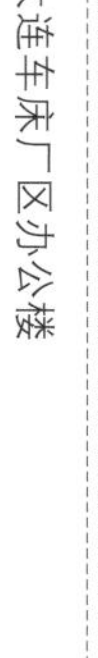

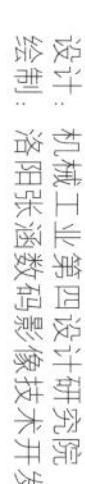
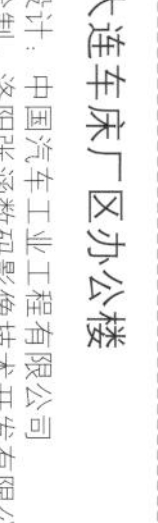

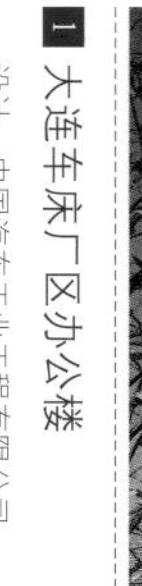
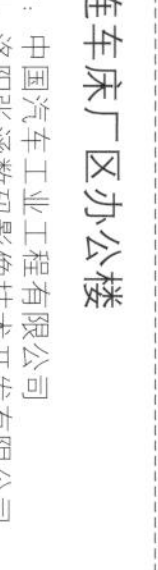
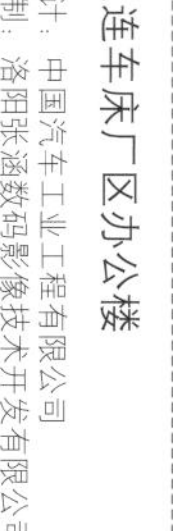

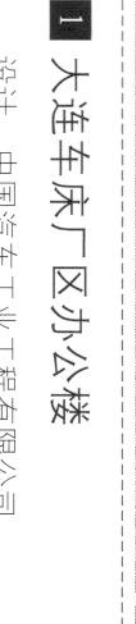
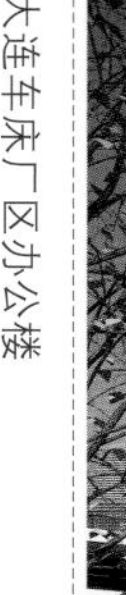
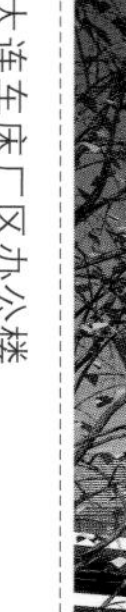

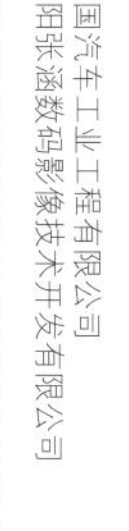

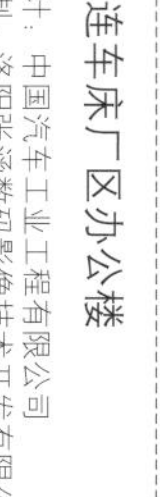
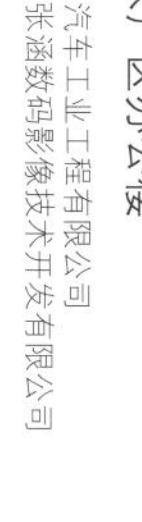

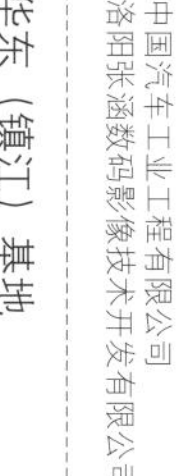

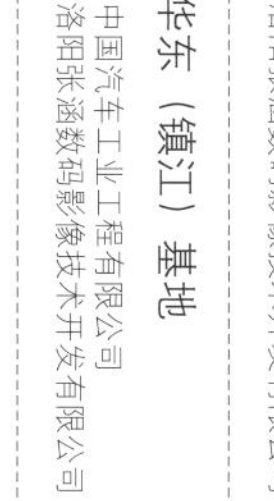

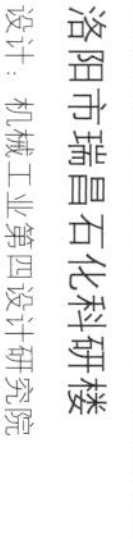
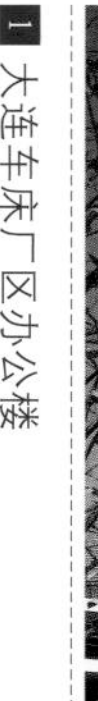
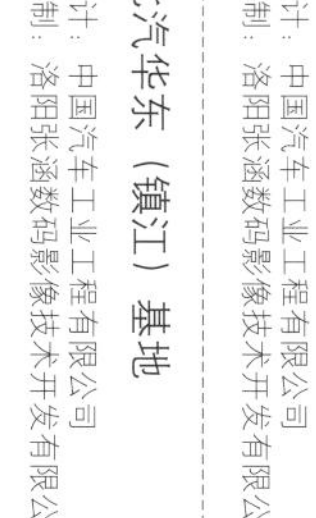
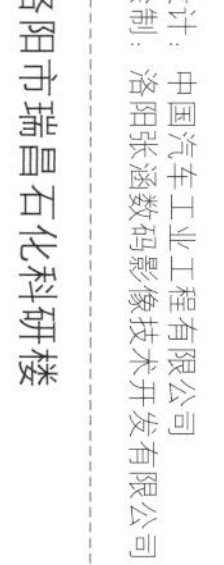
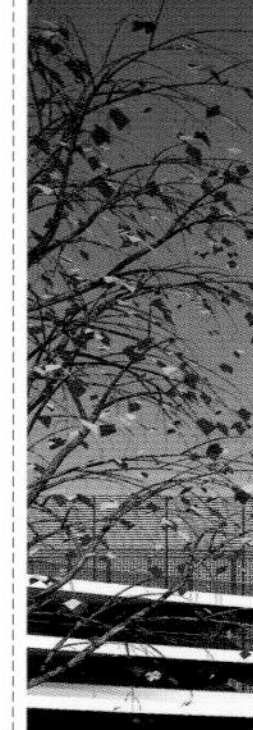

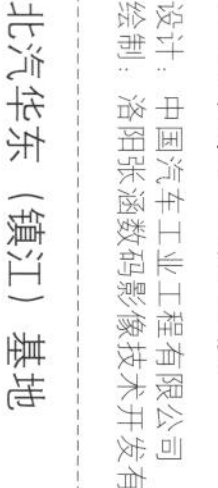

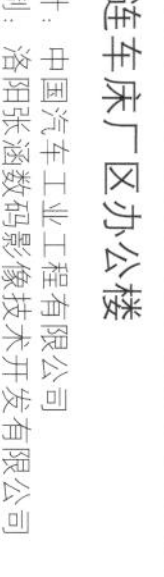
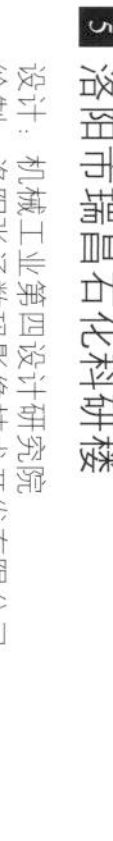
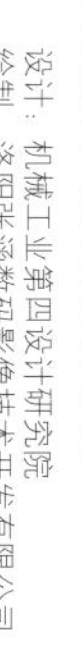
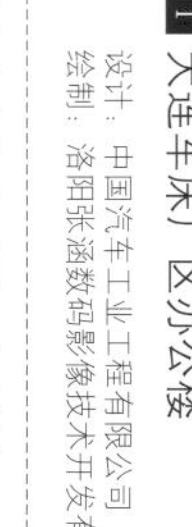
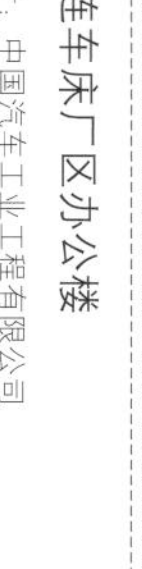

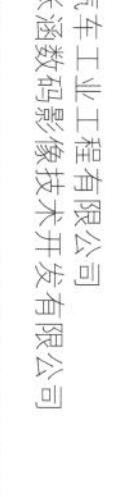
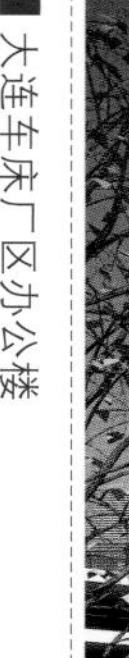
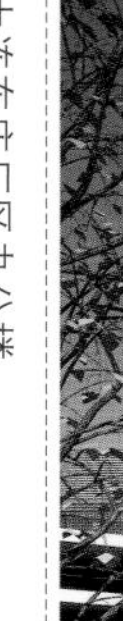

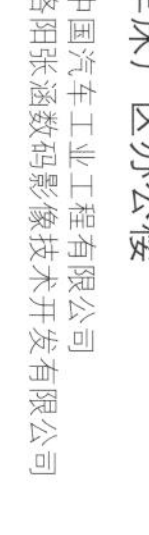
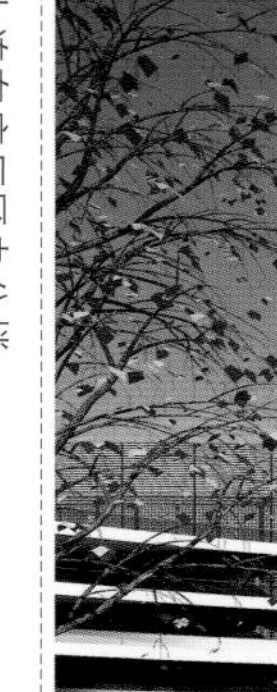

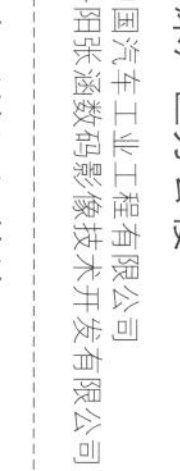
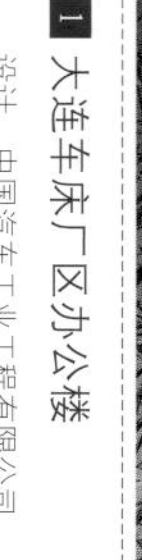

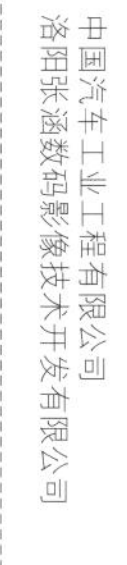
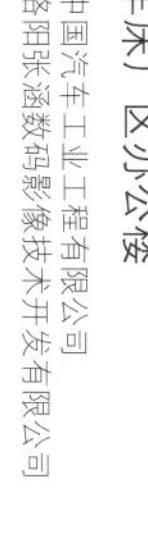
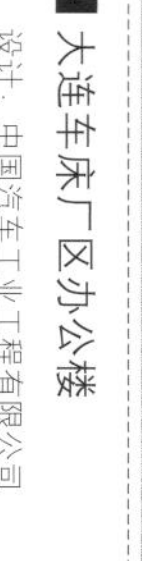
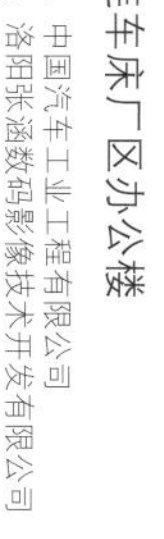

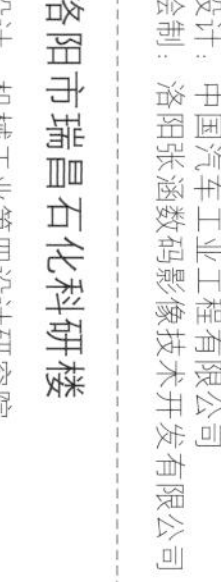
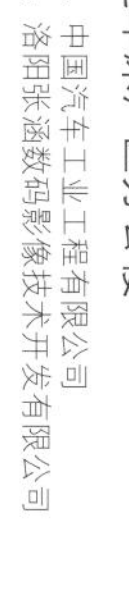

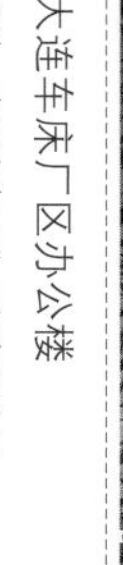
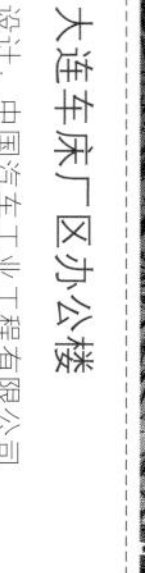
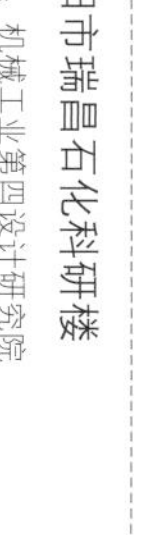

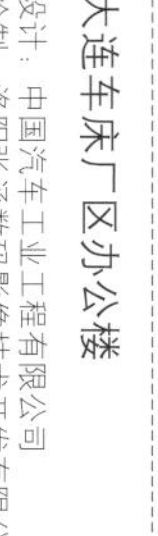
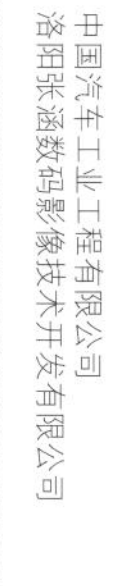

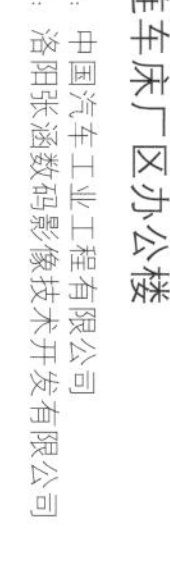
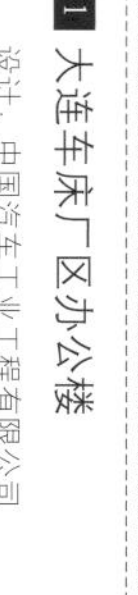

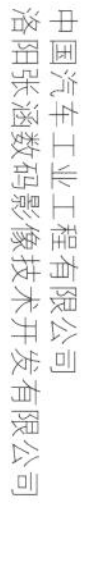

4

5

6

1

2

1 某工商银行办公楼

设计：机械工业第四设计研究院

绘制：洛阳张涵数码影像技术开发有限公司

4 规划局办公楼

设计：运城市博博建筑设计研究院

绘制：银河世纪图像

2 3 盐湖区行政中心

设计：运城市博博建筑设计研究院

绘制：银河世纪图像

3

4

1

4

1 禹州市上东国际

设计：河南省城乡建筑设计院有限公司
绘制：郑州深谷建筑数字影像有限公司

2 温州公交集团

设计：杭州市建筑设计研究院有限公司
绘制：杭州重彩堂数字科技有限公司

3 湖南波隆集团设计方案

设计：广州景森长沙分公司
绘制：长沙市工凡建筑效果图

4 衡阳香格里拉方案

设计：广州景森长沙分公司
绘制：长沙市工凡建筑效果图

1 2 沈阳某项目

设计：Chapman Taylor
绘制：上海携客数字科技有限公司

3 某共建

设计：中国联合工程公司
绘制：上海携客数字科技有限公司

4 武汉奥山办公

设计：上海久一建筑规划设计有限公司
绘制：上海携客数字科技有限公司

5 北京大兴项目

设计：上海一砼建筑规划设计有限公司
绘制：上海携客数字科技有限公司

1

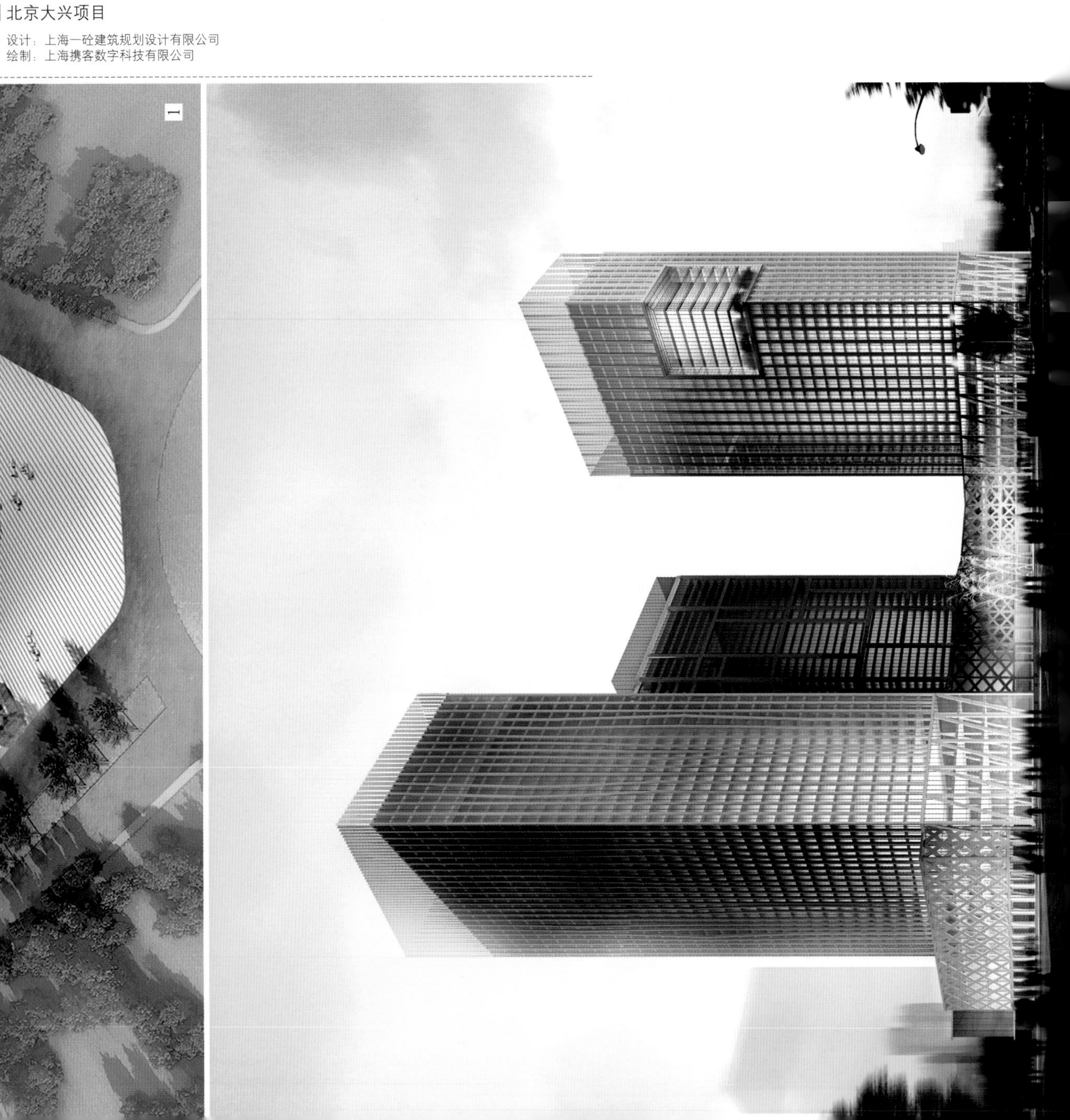

3

4

5

1

2

3

1 2 3 常州办公楼方案

绘制：深圳筑之源

4 5 6 西安 TCL 办公楼新方案

绘制：深圳筑之源

4

5

6

1

2

3

4

5

1 2 3 4 5 科技园办公区

绘制：深圳筑之源

1 2 3 海信办公楼

绘制：深圳筑之源

4 5 6 喀什农村信用社总部

绘制：深圳筑之源

4

5

6

1 2 3 安庆中央 CBD 办公区
绘制：深圳筑之源

4 5 重庆某办公
绘制：深圳筑之源

4

5

1 2 3 4 中国烟草物流办公区

绘制：深圳筑之源

3

4

1 2 3 北京众兴办公楼

绘制：深圳筑之源

4 海曙办公楼

设计：华展
绘制：宁波筑景

3

4

紫金方山科技研发交流孵化中心
1
2

3

1 孵化园

设计：江苏省邮电规划设计院有限责任公司

绘制：丝路数码技术有限公司

3 某项目

设计：华科

绘制：丝路数码技术有限公司

2 合创园

设计：联创一所

绘制：丝路数码技术有限公司

4 5 6 办公楼

设计：某设计公司

绘制：深圳市深白数码影像设计有限公司

4

5

6

1

2

3

4

■■ 白家海项目

设计：南京煤炭建筑设计研究院
绘制：西安鼎凡视觉工作室

■■ 陶忽图项目规划

设计：南京煤炭建筑设计研究院
绘制：西安鼎凡视觉工作室

民生大厦
建设银行
新沂市行政服
1

2

3

4

1 山东新沂行政办公楼

设计：上海拓维建筑设计院
绘制：上海凝筑

2 孵化园

设计：上海华都国际设计
绘制：上海凝筑

3 青岛橡胶谷

设计：同济建筑设计院原作工作室
绘制：上海凝筑

4 上海大学

设计：上海华东发展城建设计有限公司
绘制：上海凝筑

1
2
3

1 2 3 宁海办公楼

设计：民用院
绘制：宁波筑景

4 5 广电节目生产基地

设计：湖南省建筑设计院
绘制：天海图文设计

1 2 3 4 5 广电节目生产基地

设计：湖南省建筑设计院
绘制：天海图文设计

2

3

1

4

5

1

2

3

1 2 3 **Fleetbank House**

设计：丹麦 C．F．MOLLER ARCHITECTS
绘制：丹麦 C．F．MOLLER ARCHITECTS

4 5 6 汉堡明镜集团总部

设计：亨宁·拉森
绘制：亨宁·拉森

4

5

5

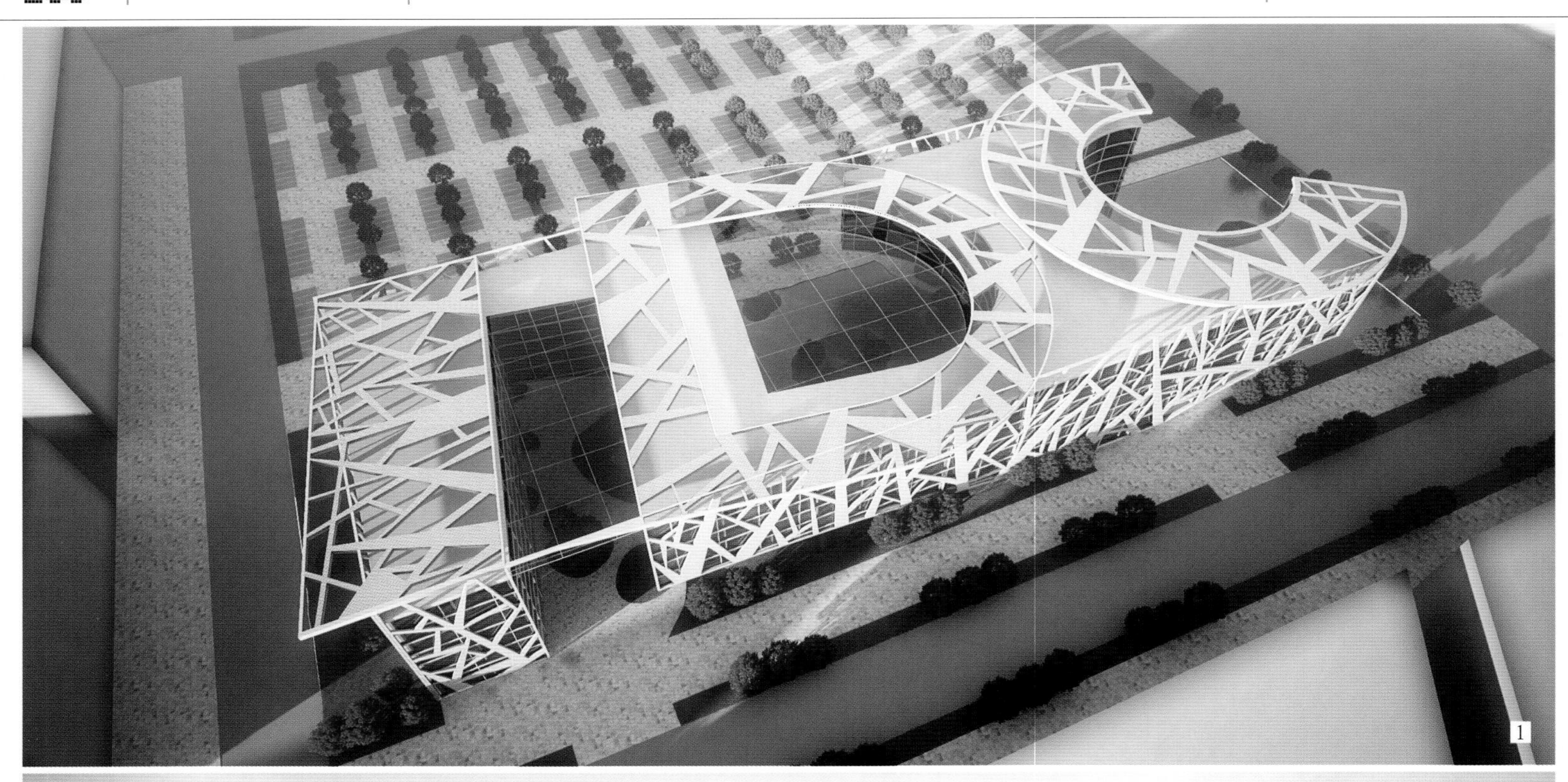

1

2

3

4

5

6

1 2 3 4 IDC International Data Center

设计：芬兰 Eriksson Architects Ltd
绘制：芬兰 Eriksson Architects Ltd

5 6 杭州赞成中心

设计：赞成置业
绘制：杭州重彩堂数字科技有限公司

1

2

3

1 2 3 4 5 **AllesWirdGut**

设计：奥地利 BAC
绘制：奥地利 BAC

4

5

1 办公楼
设计：刘艺　贾震东
绘制：蓝宇光影图文设计工作室

2 雅安某办楼
设计：李峰
绘制：蓝宇光影图文设计工作室

3 机场办公楼
设计：曾铁英
绘制：蓝宇光影图文设计工作室

4 专利局办公楼
设计：刘艺　贾震东　周雪峰
绘制：蓝宇光影图文设计工作室

1

2

3

1 中水电

设计：孙静　贾震东
绘制：蓝宇光影图文设计工作室

2 攀成钢

设计：林涛
绘制：蓝宇光影图文设计工作室

3 四所办公楼

设计：刘艺　贾震东
绘制：蓝宇光影图文设计工作室

4 **5** 专利局办公楼

设计：刘艺　贾震东
绘制：蓝宇光影图文设计工作室

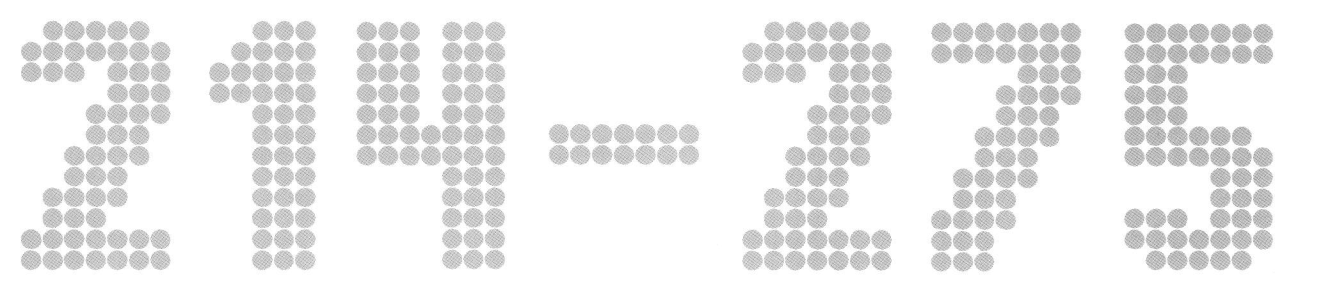

教育建筑

EDUCATIONAL BUILDING

1 2 厦门轨道董任站中标方案

设计：厦门汉嘉建筑设计有限公司　高增辉
绘制：厦门众汇 ONE 数字科技有限公司

3 昆明学校投标

设计：厦门华炀工程设计　杨谨
绘制：厦门众汇 ONE 数字科技有限公司

4 5 6 湖南双峰县学校投标方案

设计：湖南省建筑科学研究院
绘制：长沙市工凡建筑效果图

1

2

3

4

5

6

甬江职高

1 2 3 4 甬江职高方案一

设计：宁高专
绘制：宁波筑景

1

2

3

4

5

6

1 2 3 甬江职高方案二

设计：宁高专
绘制：宁波筑景

4 5 6 甬江职高方案三

设计：宁高专
绘制：宁波筑景

1 某学校

设计：市院
绘制：宁波筑景

2 某学校

设计：市院
绘制：宁波筑景

3 慈溪学校方案一

绘制：宁波筑景

4 慈溪学校方案二

绘制：宁波筑景

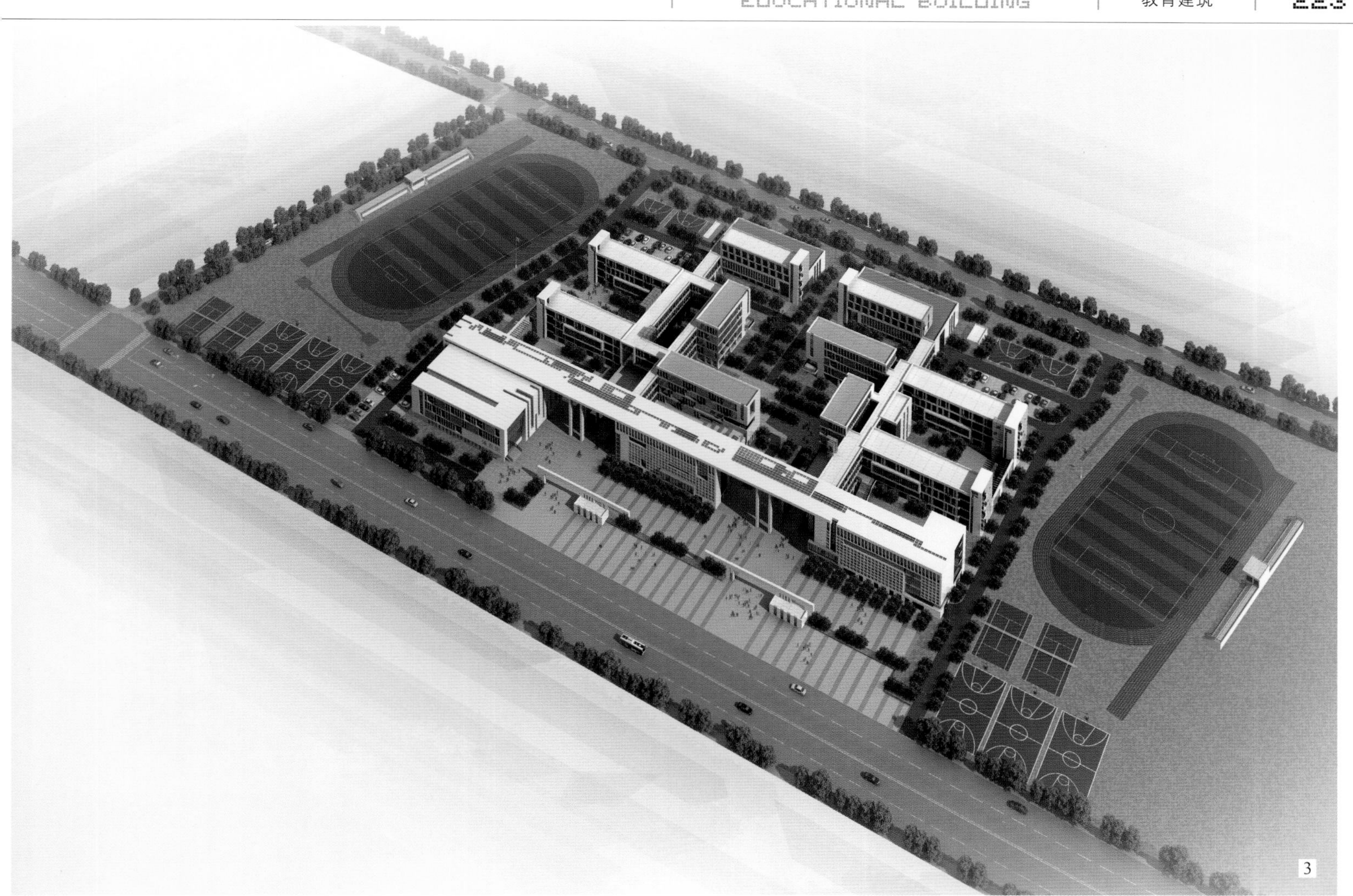

3

4

博学笃行
与时俱进
教学楼
实验楼
1
2
3

1 2 3 鄞州学校

设计：花园园林
绘制：宁波筑景

4 新疆学校方案一

设计：宁高专
绘制：宁波筑景

5 新疆学校方案二

设计：宁高专
绘制：宁波筑景

1 新疆幼儿园

设计：宁高专
绘制：宁波筑景

2 3 4 5 金华学校

设计：发热
绘制：宁波筑景

3

4

5

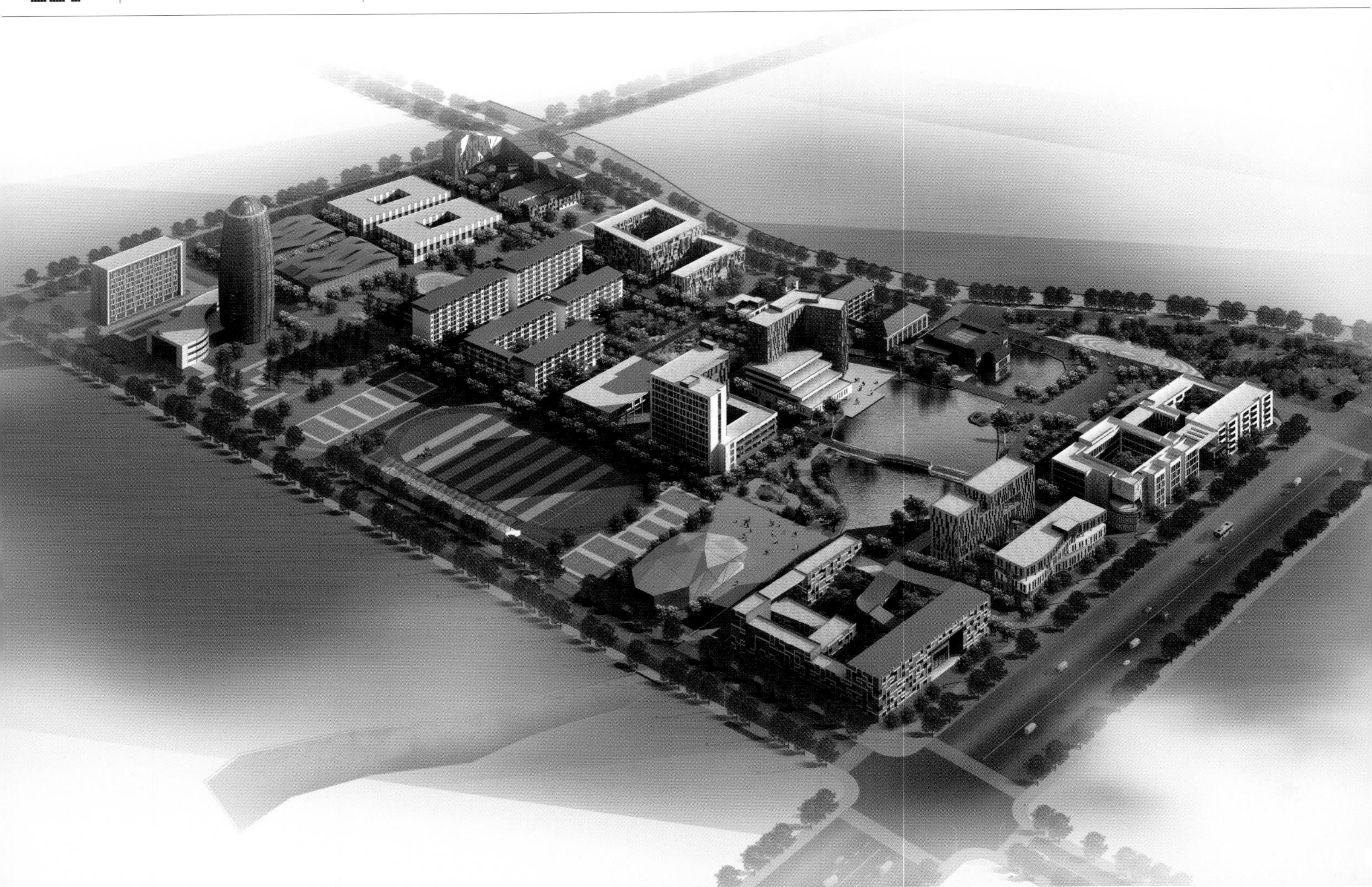

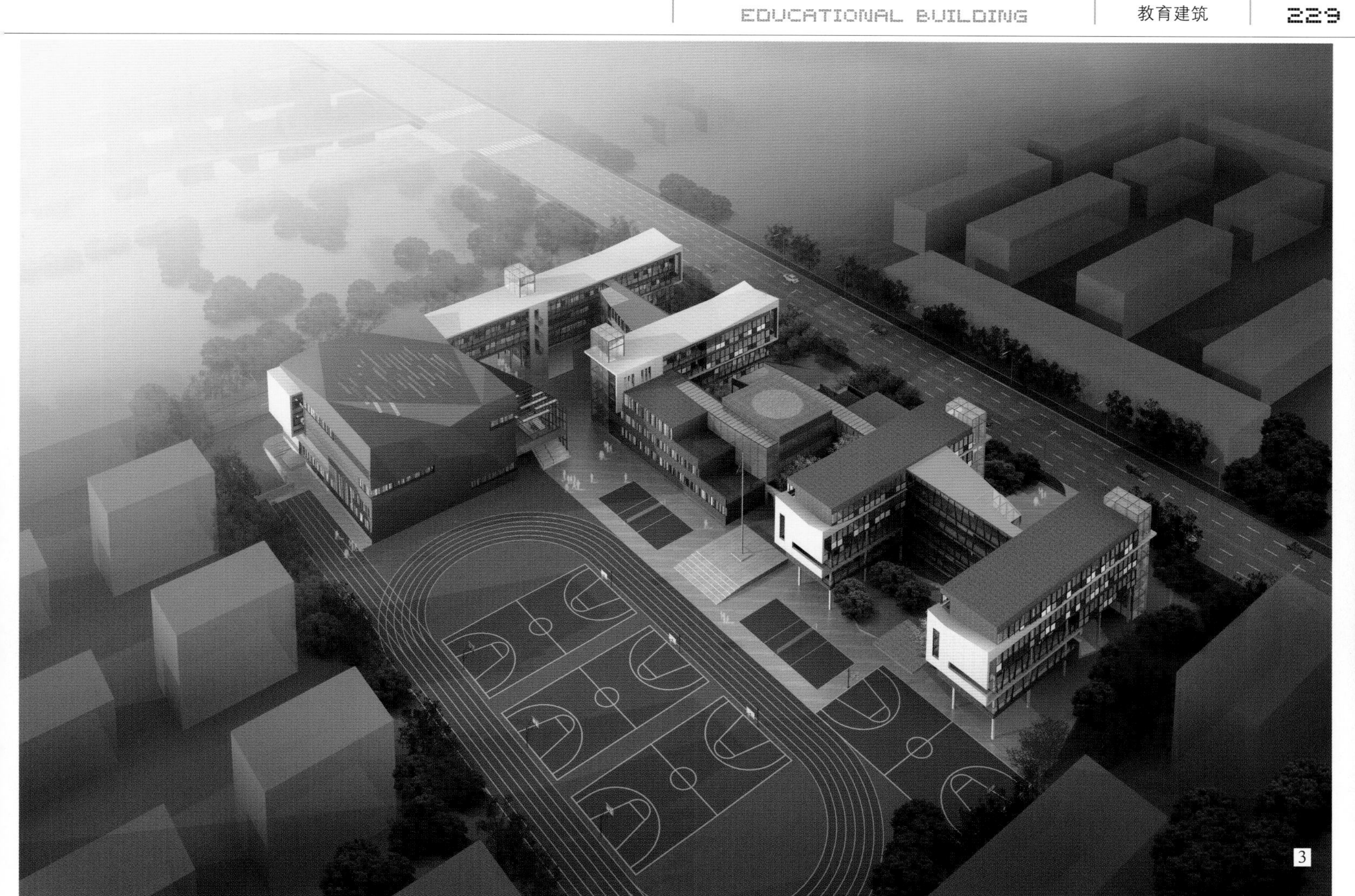

1 大红鹰学校

绘制：宁波筑景

2 幼儿园效果

绘制：宁波筑景

3 4 概念源学校

设计：概念源
绘制：宁波筑景

图书综合楼

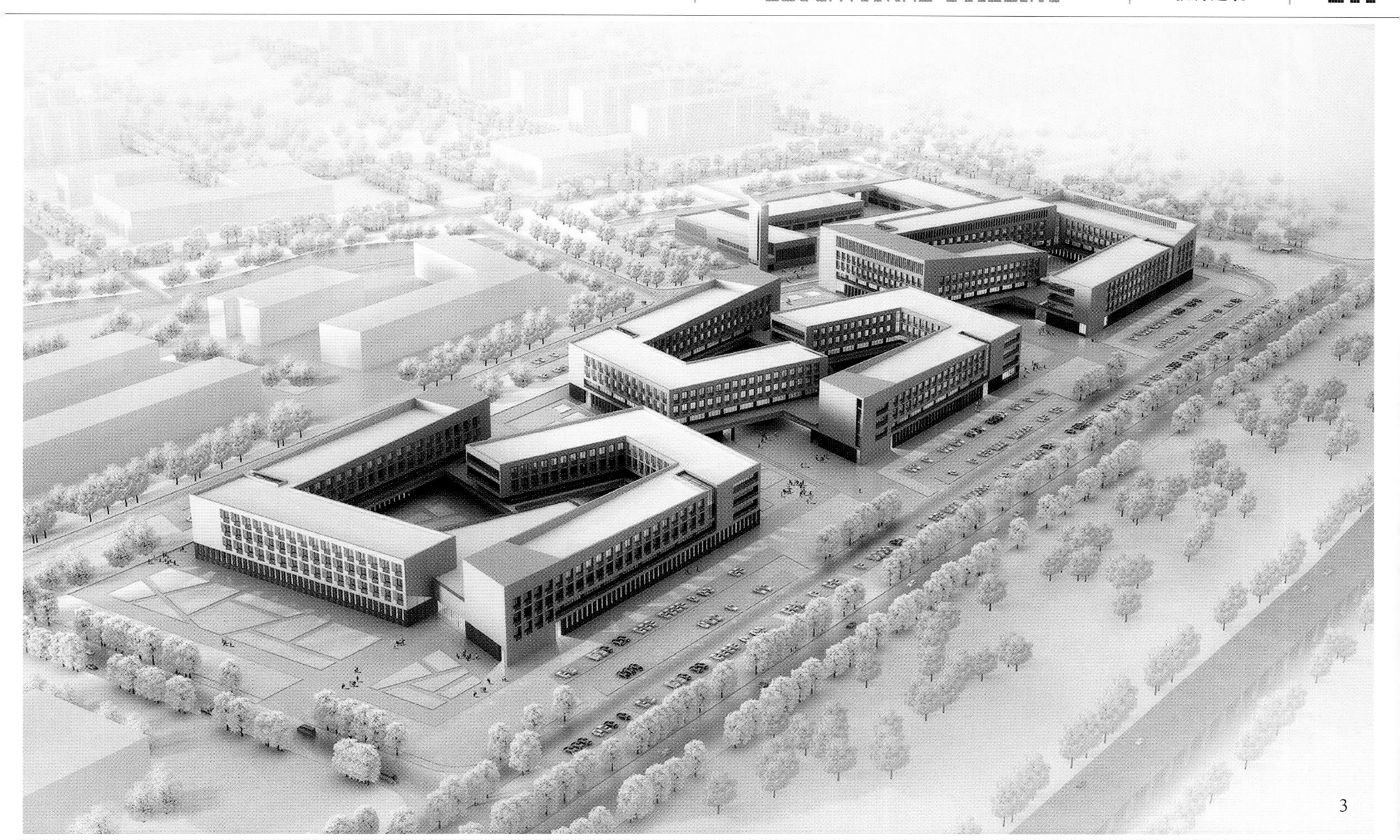

1 图书馆透视

设计：山东同圆
绘制：雅色机构

2 山东大学千佛山校区工科实验楼

设计：山东同圆设计集团有限公司建筑所
绘制：雅色机构

3 4 河北工业大学

设计：天津天勘设计研究院
绘制：天津天砚建筑设计咨询有限公司

1

1 2 怀化医学院图书馆

设计：湖南省建筑设计院
绘制：天海图文设计

3 4 5 某小学

设计：宏正建筑设计院
绘制：杭州景尚科技有限公司

2

3

4

5

5

1 2 3 4 濮院学校

设计：宏正建筑设计院
绘制：杭州景尚科技有限公司

5 6 桂花坪小学

设计：湖南省建筑设计院
绘制：天海图文设计

6

1

2

3

1 2 3 幼儿之家

设计：法国DCA Design Crew for Architecture
绘制：法国DCA Design Crew for Architecture

4 5 **CC Pedregal alta ingles**

设计：西班牙Pascal Arquitectos
绘制：西班牙Pascal Arquitectos

1

2

3

4

1 **2** 歙县中学

设计：浙江安地
绘制：杭州弧引数字科技有限公司

3 某学校项目

设计：省直建筑设计
绘制：杭州弧引数字科技有限公司

4 某学校

设计：中航规划建筑设计院
绘制：天海图文设计

5 宣恩文化中心

设计：华科大都市设计院
绘制：武汉擎天建筑设计咨询有限公司

5

1

2

3

4

5

1 2 3 4 幼儿园

设计：范晓东　郝江川
绘制：成都市浩瀚图像设计有限公司

5 6 7 雨城区八小

设计：范晓东　郝江川
绘制：成都市浩瀚图像设计有限公司

6

7

3

4

1 风雨操场

设计：达州建筑设计研究院
绘制：成都市浩瀚图像设计有限公司

2 职业技术学院

设计：达州建筑设计院　王涛
绘制：成都市浩瀚图像设计有限公司

3 丽水某中学

设计：浙江城市设计建筑设计有限公司
绘制：杭州骏翔广告有限公司

4 江苏中学图书馆

设计：深圳市肯定建筑设计有限公司
绘制：深圳市普石环境艺术设计有限公司

1
综合楼
2

1 2 3 4 社会福利综合基地

设计：福建省建筑设计研究院
绘制：福州超越传媒有限公司

5 首山中学

设计：福建众合开发建筑设计院
绘制：福州超越传媒有限公司

1 马尾小学

设计：中国东北建筑设计研究院有限公司
绘制：福州超越传媒有限公司

2 琅岐小学

设计：中国东北建筑设计研究院有限公司
绘制：福州超越传媒有限公司

3 4 5 城北学校

设计：联合创艺湖南分公司
绘制：深圳市水木数码影像科技有限公司

3

4

5

1

1 2 3 南海学校

设计：新外建筑设计有限公司 陈宇

绘制：上海赫智建筑设计有限公司

4 5 6 沙头角中学

设计：深圳市宝安建筑设计院

绘制：深圳市原创力数码影像设计有限公司

2

3

4

5

6

1 江门一中校园

设计：江门　叶工
绘制：深圳市原创力数码影像设计有限公司

2 3 4 5 深圳第九高级中学

设计：深圳市宝安建筑设计院
绘制：深圳市原创力数码影像设计有限公司

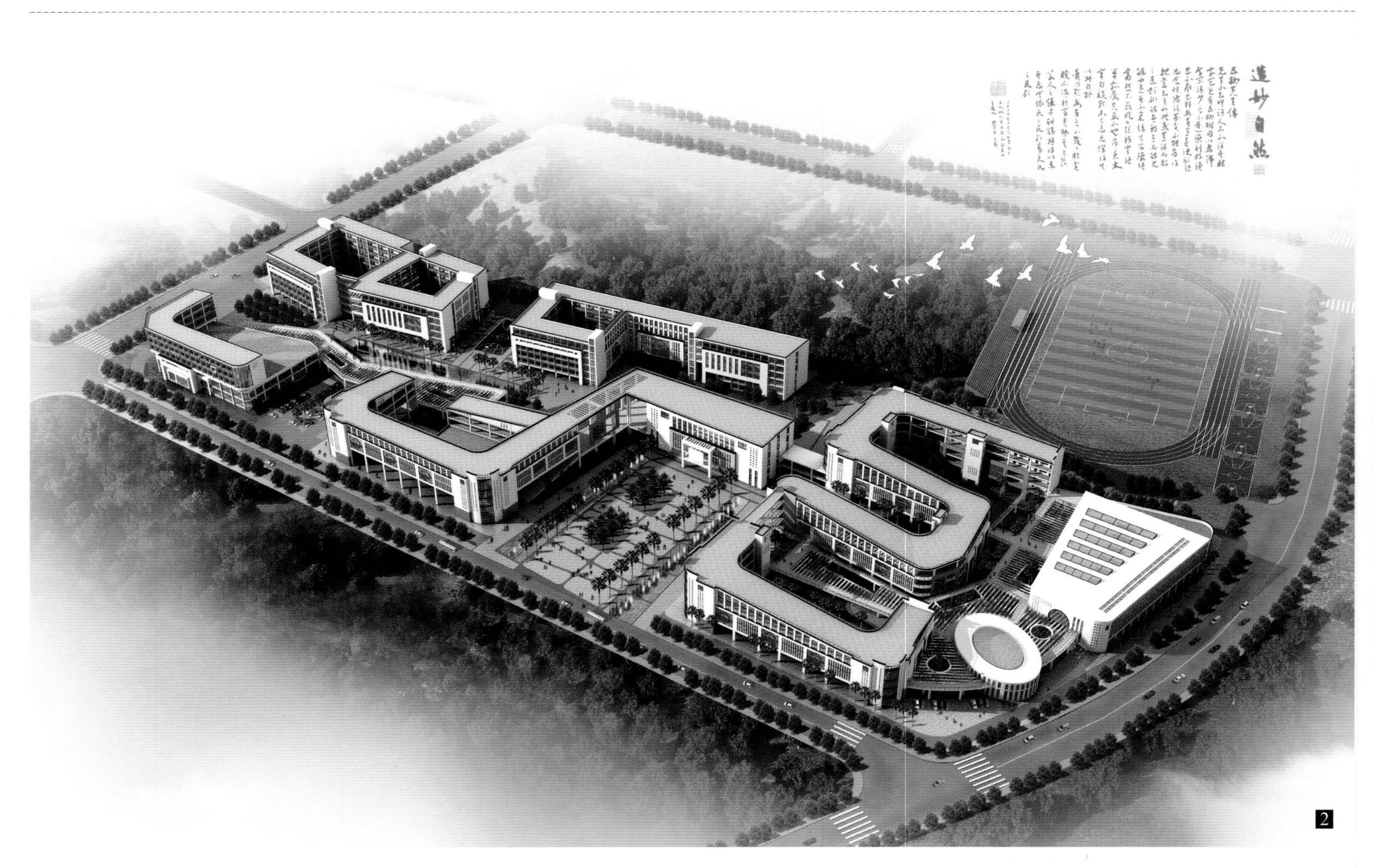

3

4

5

5

1 2 3 4 学校规划

设计：罗伟章
绘制：深圳市原创力数码影像设计有限公司

5 6 某学校

设计：亚瑞建筑设计公司
绘制：深圳市原创力数码影像设计有限公司

6

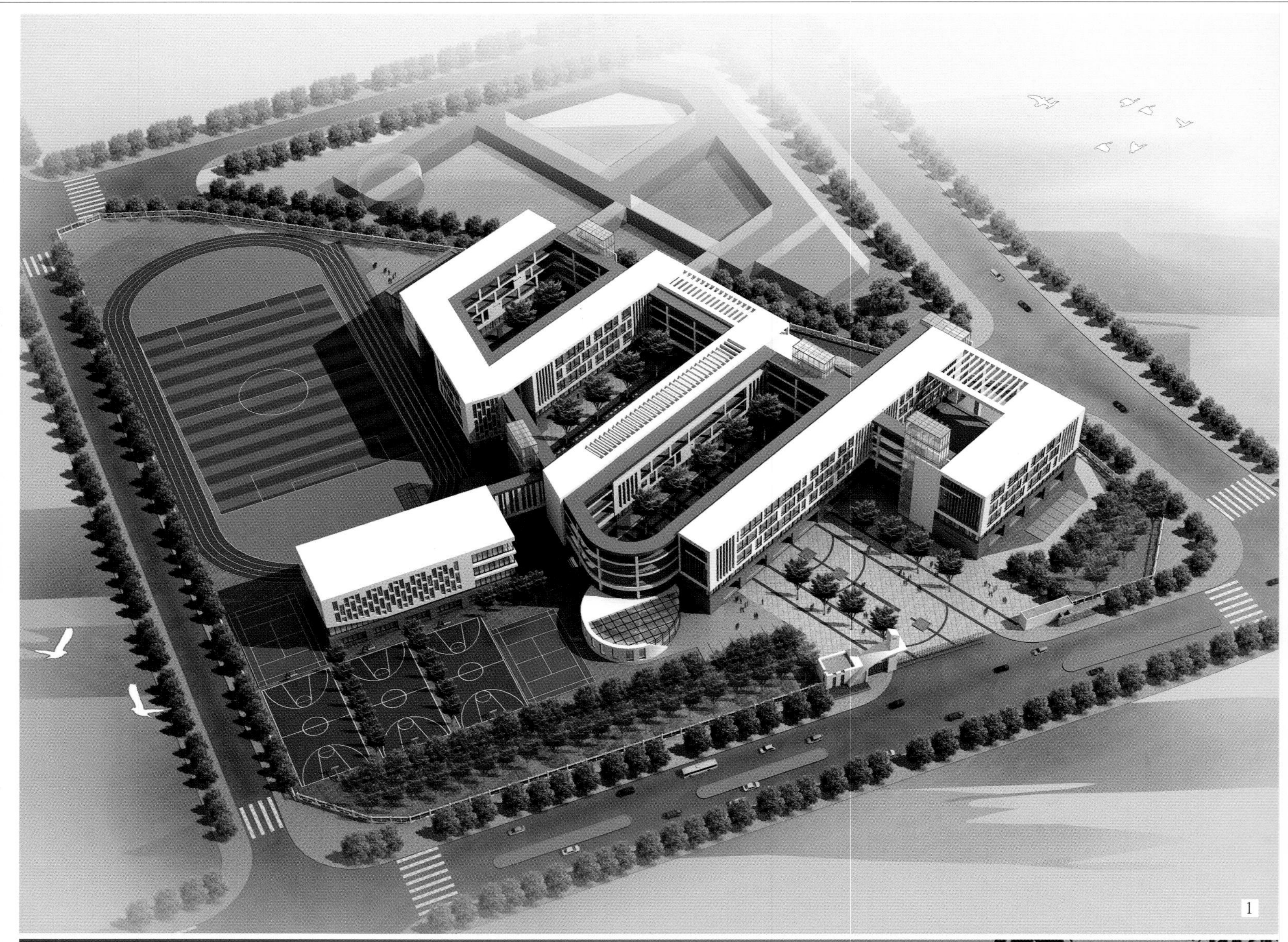

1

2

1 2 坪西王学校

设计：深圳市宝安建筑设计院
绘制：深圳市原创力数码影像设计有限公司

3 无锡某学校

设计：上海那方建筑设计有限公司
绘制：上海携客数字科技有限公司

4 南京龙湖半岛小学

设计：北京荣盛景程建筑设计有限公司
绘制：北京图道数字科技有限公司

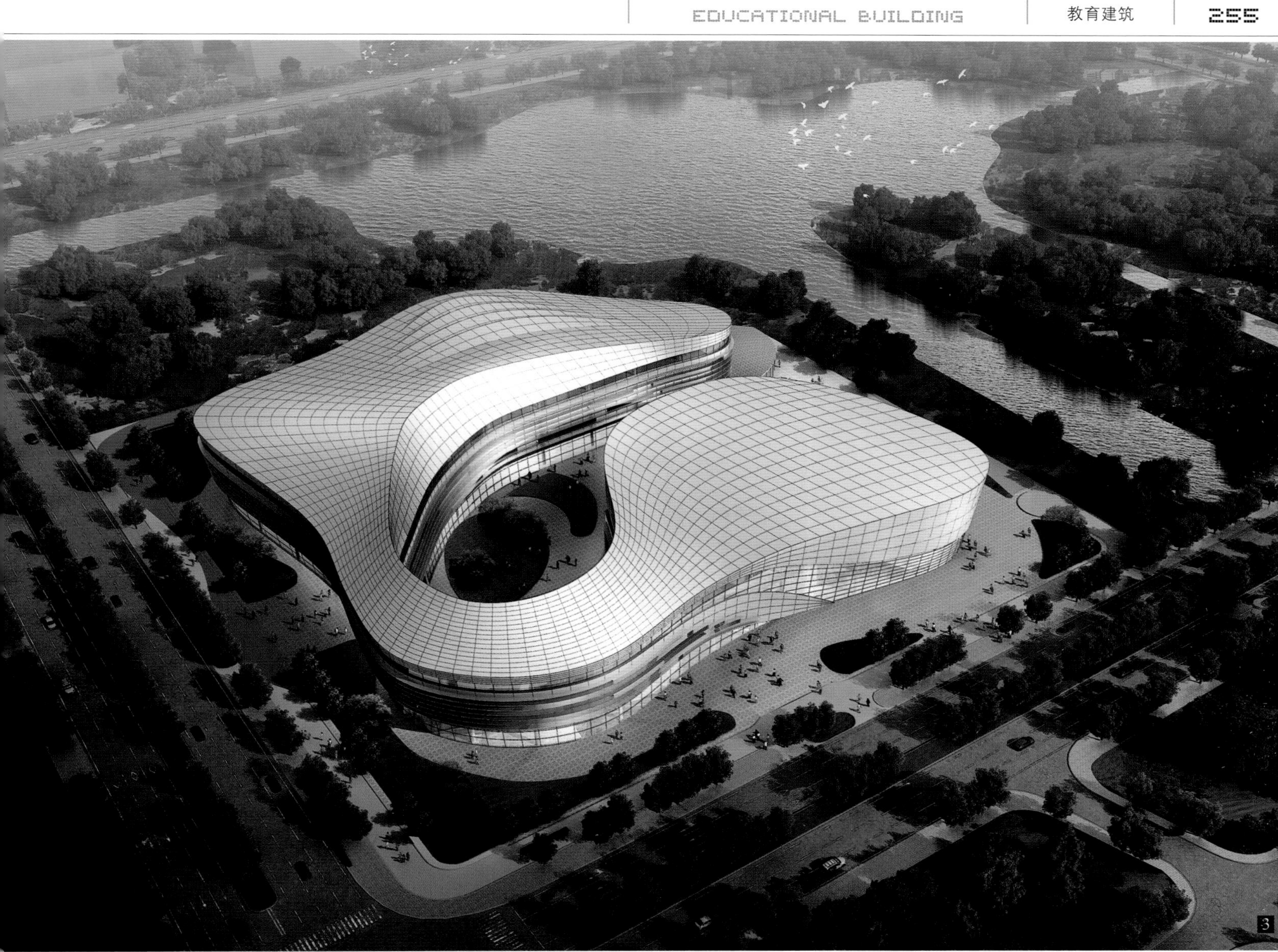

3

4

1

2

1 2 3 4 广安枣山镇铁路职业学院

设计：重庆大时代建筑设计有限公司
绘制：重庆天艺数字图像

1 2 3 学校投标

设计：厦门华炀工程设计 傅强

绘制：厦门众汇 ONE 数字科技有限公

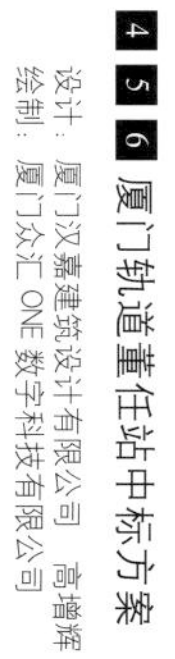

4 5 6 厦门轨道董任站中标方案

设计：厦门汉嘉建筑设计有限公司 高增辉

绘制：厦门众汇 ONE 数字科技有限公司

1

2

3

4

5

6

1

2

3

4

5

1 2 3 4 学校投标

设计：北京中外建厦门分公司　吴亮
绘制：厦门众汇 ONE 数字科技有限公司

5 6 松江第四幼儿园

设计：米凹工作室
绘制：上海域言建筑设计咨询有限公司

6

 学校投标

设计：厦门经纬建筑设计　余绍卿
绘制：厦门众汇 ONE 数字科技有限公司

4 5 6 某学校

绘制：雅色机构

4

5

6

1 2 东阳项目

设计：深圳市华炎建筑设计有限公司
绘制：深圳千尺数字图像设计有限公司

3 4 广州市职业学校

设计：北京易兰建筑规划设计有限公司
绘制：北京图道数字科技有限公司

1
2
3

1 茂名职业技术学院

设计：珠海建筑规划设计院深圳分院
绘制：深圳千尺数字图像设计有限公司

2 3 长临河教育培训区

设计：深圳市建筑设计研究总院有限公司
绘制：深圳市深白数码影像设计有限公司

4 5 联盟图书馆

设计：联盟建筑设计有限公司
绘制：深圳市深白数码影像设计有限公司

3

1 2 明光中学

设计：北京通程泛华合肥分院
绘制：唐人建筑设计效果图

3 凤阳城西中学

设计：北京通程泛华合肥分院
绘制：唐人建筑设计效果图

4 苏州高新区实验小学

设计：直造建筑事务所
绘制：丝路数码技术有限公司

4

1

2

1 2 3 4 5 工贸技师学院

绘制：深圳筑之源

3

4

5

4

5

1 2 3 格式大学

绘制：深圳筑之源

4 5 六盘水职校

绘制：深圳筑之源

1 2 3 乐清职业中学

绘制：深圳筑之源

2

1

3

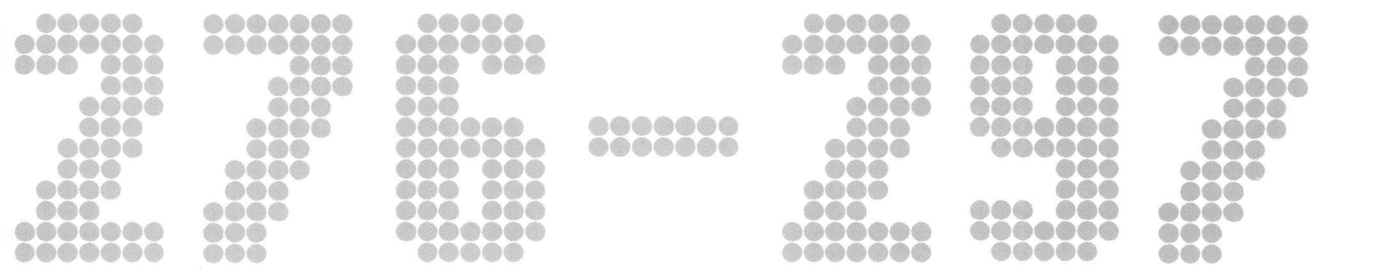

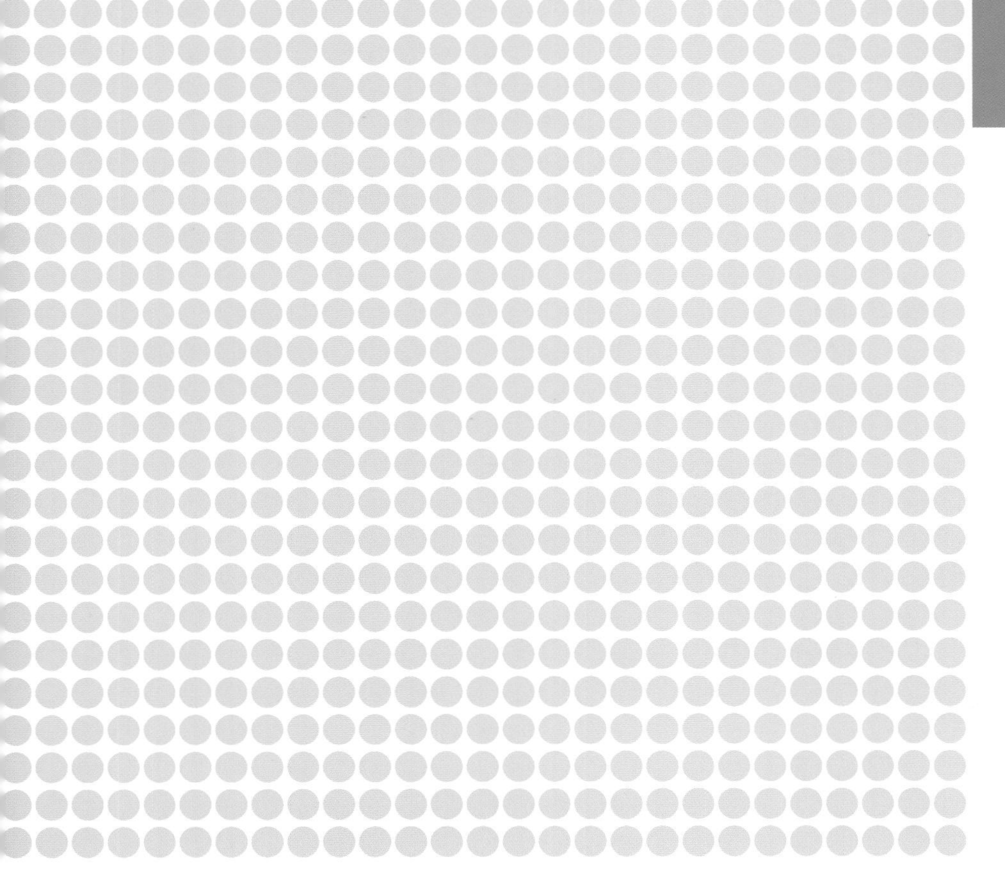

体育建筑

SPORTS BUILDING

2014 建筑＋表现

1 2 3 安巴篮球馆鸟瞰

设计：湖南省建筑设计院
绘制：天海图文设计

2

1

3

1 布尔津多功能体育馆方案一

设计：珠海规划院深圳分院
绘制：深圳市水木数码影像科技有限公司

2 布尔津多功能体育馆方案二

设计：珠海规划院深圳分院
绘制：深圳市水木数码影像科技有限公司

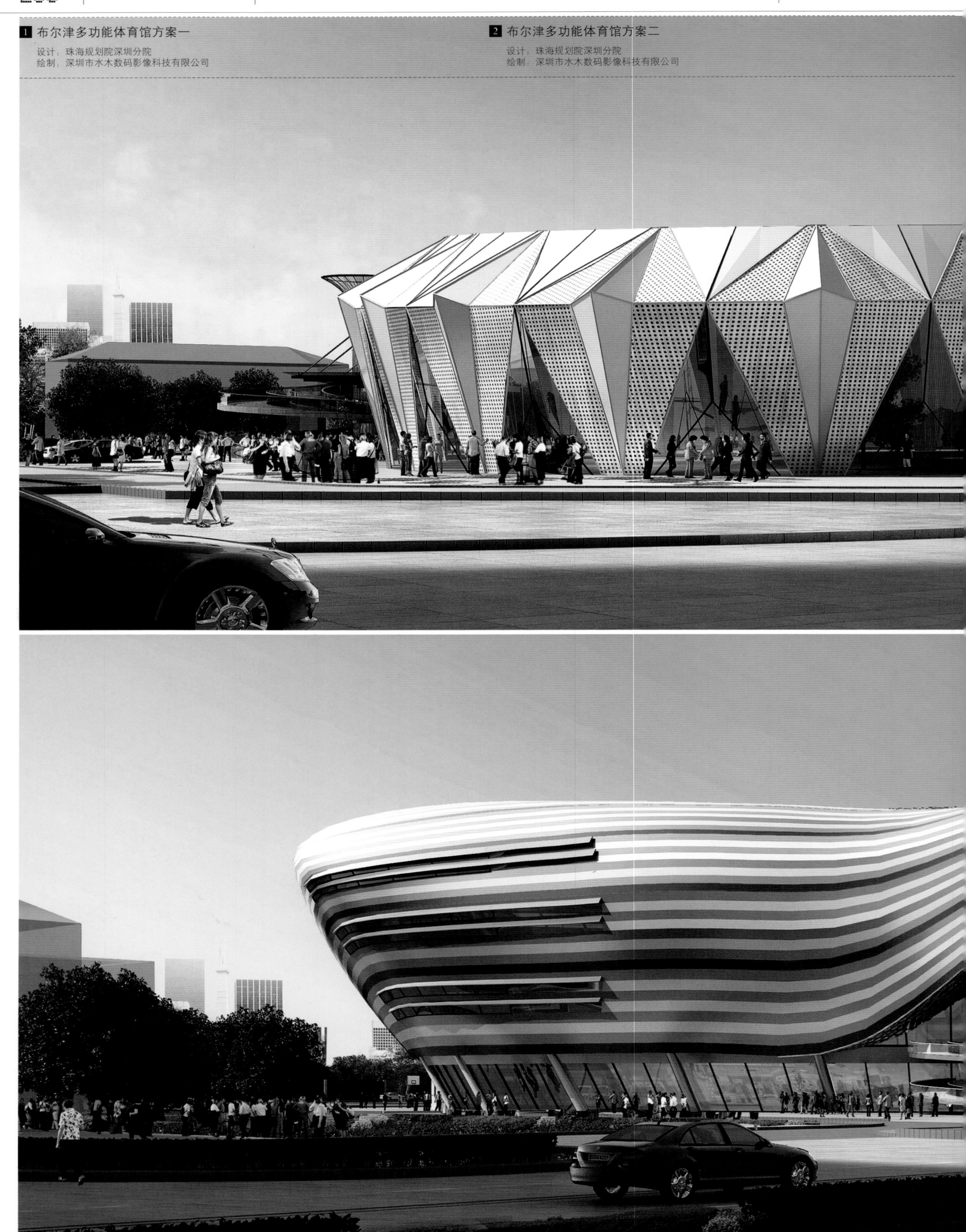

1

2

1

■1 布尔津多功能体育馆方案三

设计：珠海规划院深圳分院
绘制：深圳市水木数码影像科技有限公司

■2 世纪荣城体育中心

设计：太原浩天建筑设计有限公司
绘制：银河世纪图像

■3 奥运公园

绘制：北京百典数字科技有限公司

■4 新干体育中心

设计：上海经纬建筑设计有限公司
绘制：上海艺筑图文设计有限公司

■5 浙江常山县外港新村

设计：上海浦东深圳分院
绘制：深圳市水木数码影像科技有限公司

2

3

4

5

1 2 3 4 天鹅山庄游泳馆

设计：深圳中泰华翰建筑设计
绘制：深圳市水木数码影像科技有限公司

3

4

1 2 3 4 5 体育馆

设计：北京通程泛华合肥分院
绘制：唐人建筑设计效果图

3

4

5

1 2 3 4 5 泰宁体育中心

设计：福建省建筑设计研究院
绘制：福州超越传媒有限公司

3

4

5

南昌县体育馆
南昌县体育馆

3

4

1 2 体育综合馆

设计：省院研究所
绘制：南昌艺构图像

3 4 亳州体育馆

绘制：上海凝筑

2

1 体育馆

绘制：雅色机构

2 户县新城体育中心

设计：西安迪赛国际建筑设计有限公司
绘制：深圳长空永恒数字科技有限公司

3 刚果布拉柴维尔奥体中心

设计：天津市建筑设计院
绘制：天津天砚建筑设计咨询有限公司

1 天津商业大学体育馆

设计：天津大学建筑设计研究院
绘制：天津天砚建筑设计咨询有限公司

2 3 4 5 某体育馆

绘制：天海图文设计

3

4

5

1 2 3 泸州体育中心

设计：李峰 张园华
绘制：蓝宇光影图文设计工作室

4 体育中心合作投标

设计：西南设计院
绘制：蓝宇光影图文设计工作室

3

1

2

4

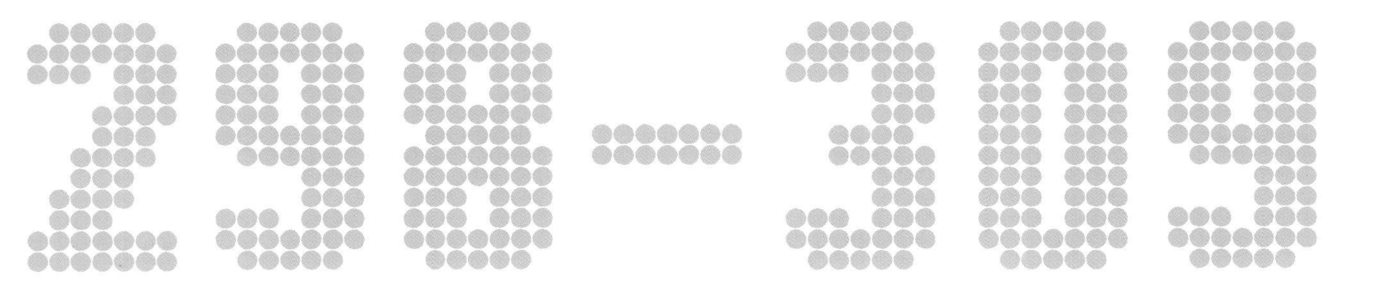

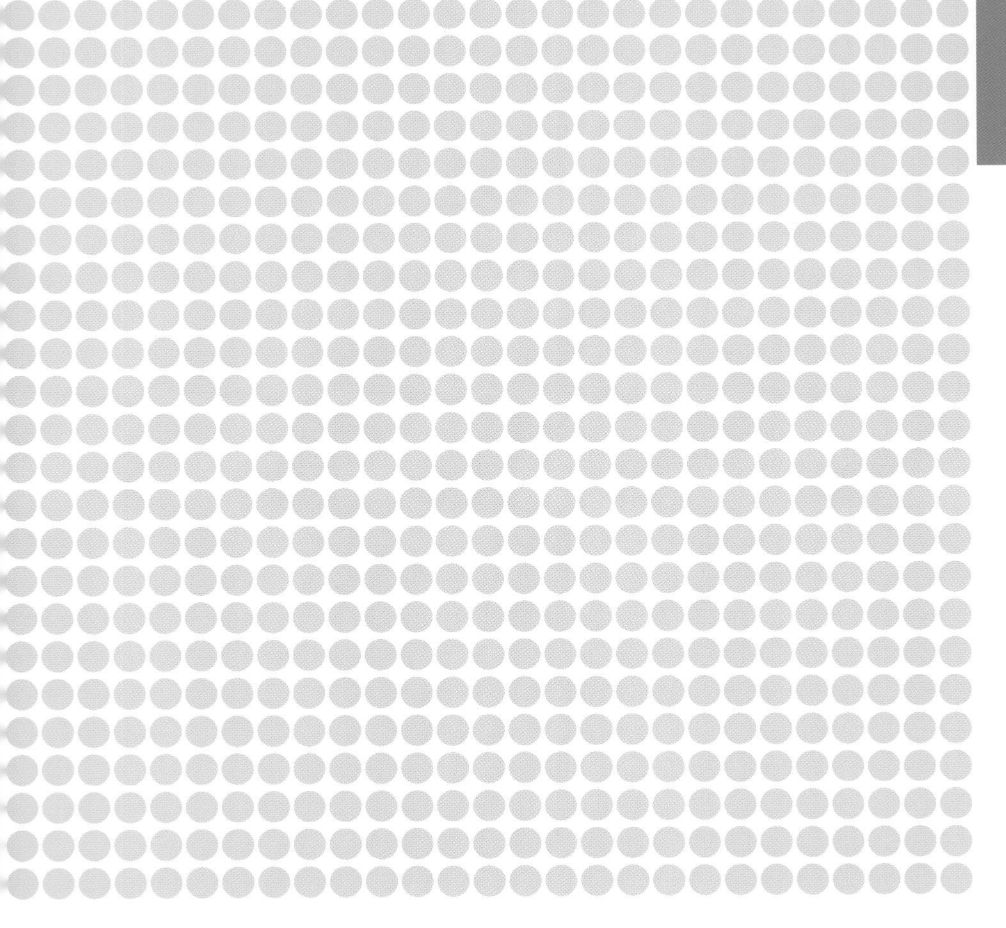

医疗建筑

MEDICAL BUILDING

2014 建筑＋表现

2

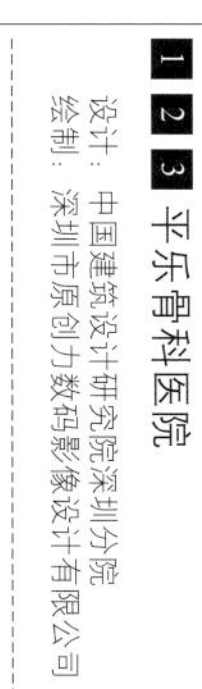

1 2 3 平乐骨科医院

设计：中国建筑设计研究院深圳分院

绘制：深圳市原创力数码影像设计有限公司

1

3

3

1 中医院

设计：中国工程物理研究院建筑设计院设计二所
绘制：绵阳瀚影数码图像设计有限公司

2 绍兴养老院

设计：上海众鑫建筑设计研究院有限公司
绘制：上海域言建筑设计咨询有限公司

3 4 长乐养老院

设计：上海华策建筑设计事务所有限公司
绘制：上海未落建筑设计咨询有限公司

4

1
2

3

1 2 3 4 养老院

设计：深圳市同济人建筑设计有限公司
绘制：深圳市原创力数码影像设计有限公司

4

1 2 3 上海市六院病房楼

设计：上海弘城国际　王江峰
绘制：上海赫智建筑设计有限公司

2

3

1 2 3 4 5 6 医院
设计：上海宏城国际
绘制：上海赫智建筑设计有限公司
1

2

3

4

5

6

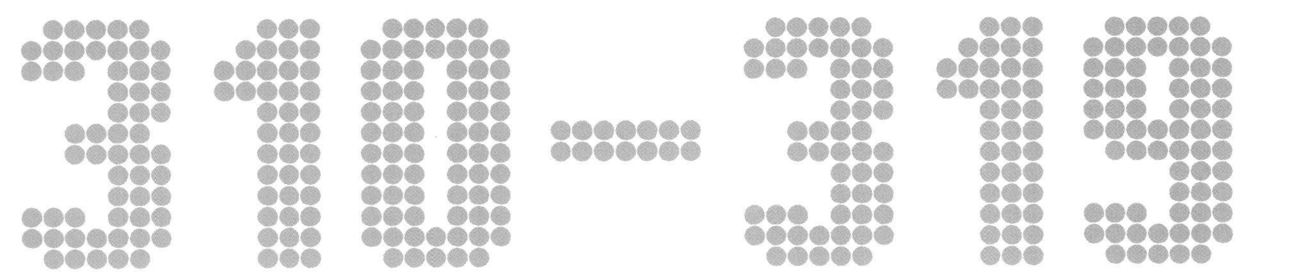

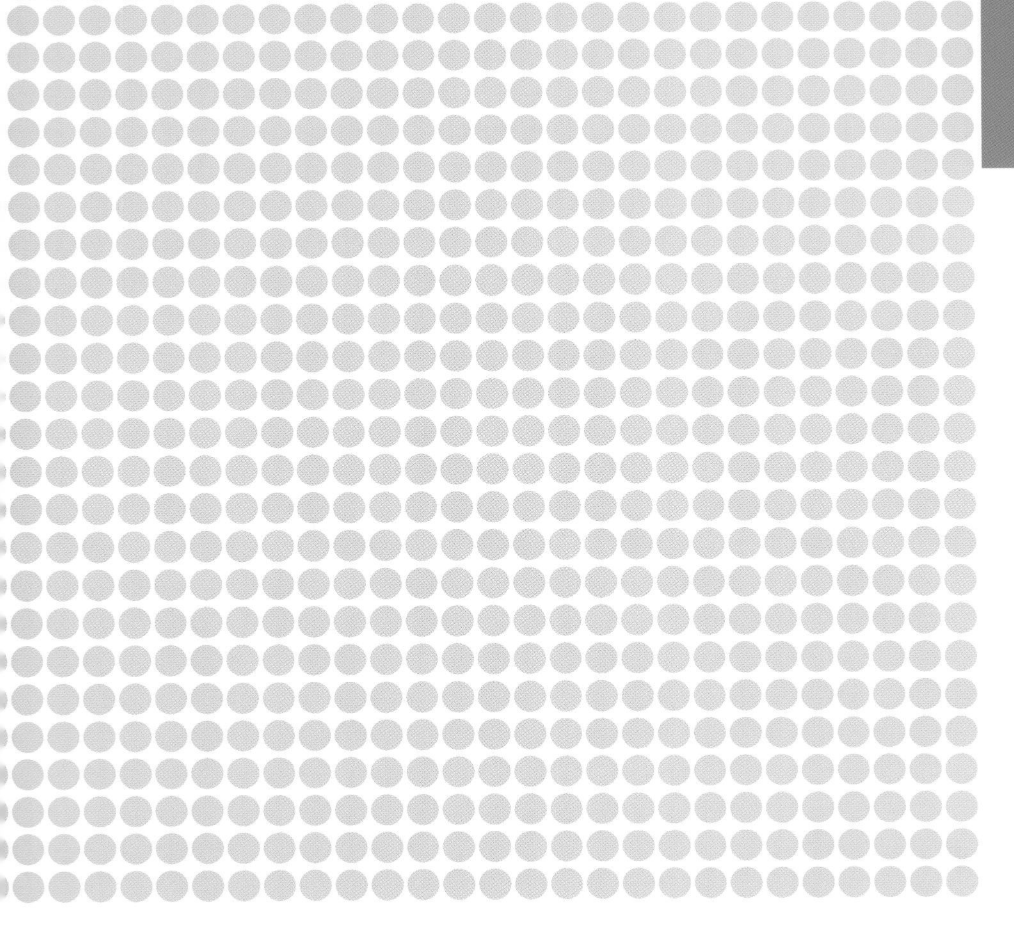

交通建筑

TRAFFIC BUILDING

2014 建筑 + 表现

3

1 2 中航汽车站

设计：深圳中航设计院
绘制：深圳市水木数码影像科技有限公司

3 大厂车站

设计：深圳中航设计院
绘制：深圳市水木数码影像科技有限公司

4 北汽华东（镇江）基地

设计：中国汽车工业工程公司
绘制：洛阳张涵数码影像技术开发有限公司

4

1 2 3 4 5 6 莲塘交通项目

设计：中国建筑东北设计研究院
绘制：深圳市原创力数码影像设计有限公司

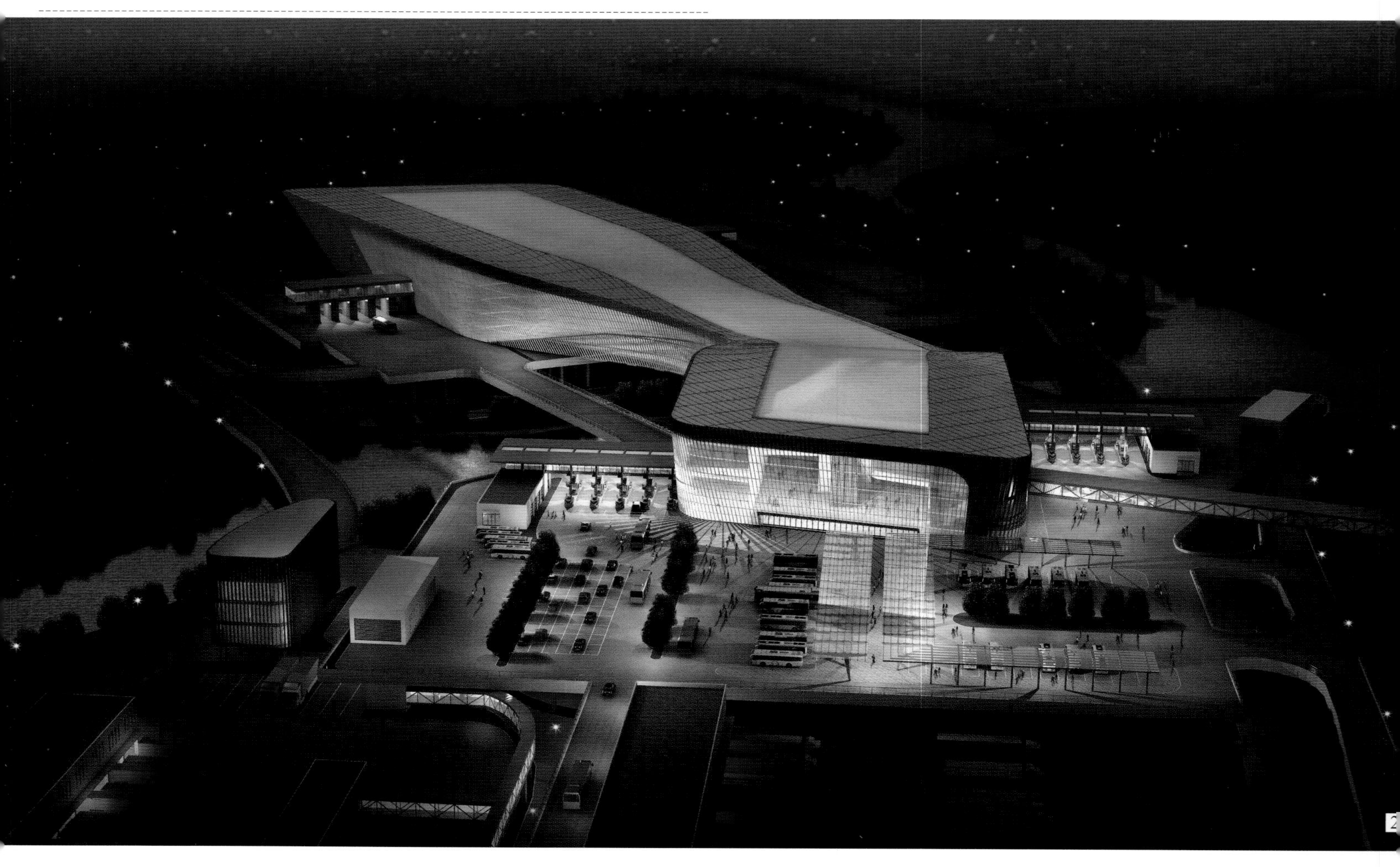

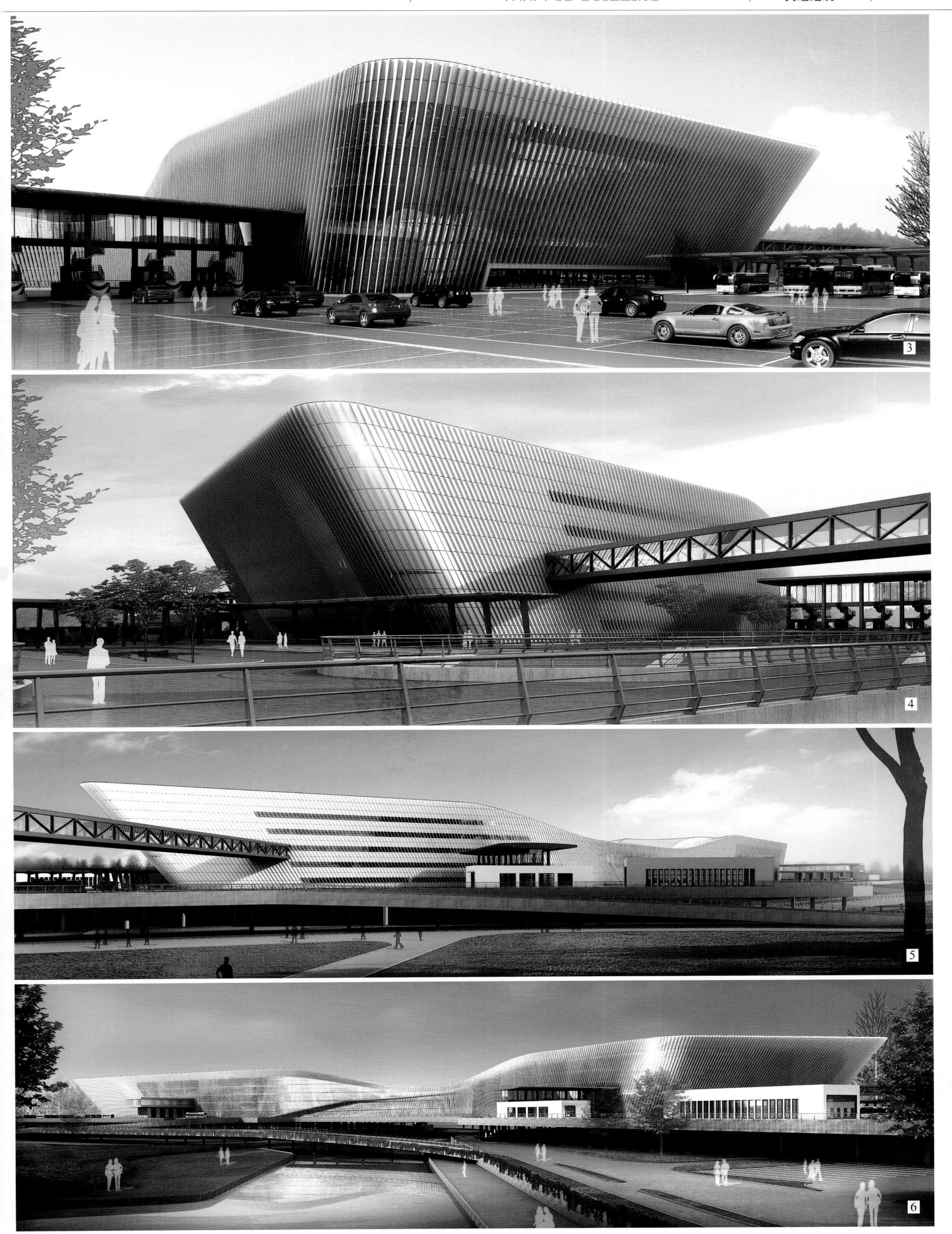
3
4
5
6

1

2

1 2 汽车站

设计：范晓东 郝江川
绘制：成都市浩瀚图像设计有限公司

3 4 宜宾高客站

设计：大陆建筑设计有限公司 张殿波
绘制：成都市浩瀚图像设计有限公司

2

■1 汽车城规划

设计：中国建筑设计研究院
绘制：北京百典数字科技有限公司

■2 韶关火车站

设计：中国机械工程设计研究院
绘制：北京百典数字科技有限公司

■3 ■4 大连新机场

绘制：深圳筑之源

1

3

4